ASIA·LINK

EUROPEAID
CO-OPERATION OFFICE

欧洲联盟 Asia-Link 资助项目

可 持 续 建 筑 系 列 教 材

张国强　尚守平　徐　峰　主编

绿 色 结 构 工 程

Green Structure Engineering

尚守平　杜运兴　编著

李国强　主审

U0330540

中国建筑工业出版社

图书在版编目(CIP)数据

绿色结构工程/尚守平等编著．—北京：中国建筑工
业出版社，2009
（可持续建筑系列教材）
ISBN 978-7-112-11471-9

Ⅰ. 绿… Ⅱ. 尚… Ⅲ. 建筑结构—无污染技术—教材
Ⅳ. TU3

中国版本图书馆 CIP 数据核字(2009)第 188216 号

　　本书是欧盟 Asia-Link 项目"跨学科的可持续建筑课程与教育体系"的成果之一，试图构建将可持续建筑各个方面的知识和技术协调描述的框架。

　　全书共分六章，第一章对绿色结构作了整体概述；第二章阐述了全寿命设计与施工思想；第三章讲述了再生混凝土的生产工艺、性能等；第四章讲述了海砂混凝土的工程应用实例；第五章介绍了高性能复合砂浆加固工程结构的应用；第六章对全书进行了简要总结。

　　本书可作土木工程相关专业高校学生的教材使用，也可供广大土木结构设计与施工的工程师参考。

* 　 * 　 *

责任编辑：姚荣华　张文胜
责任设计：赵明霞
责任校对：袁艳玲　赵　颖

可持续建筑系列教材
张国强　尚守平　徐　峰　主编

绿色结构工程
Green Structure Engineering

尚守平　杜运兴　编著
李国强　主审

*

中国建筑工业出版社出版、发行(北京西郊百万庄)
各地新华书店、建筑书店经销
北京天成排版公司制版
北京密东印刷有限公司印刷

*

开本：787×1092 毫米　1/16　印张：6½　字数：172 千字
2009 年 12 月第一版　2009 年 12 月第一次印刷
定价：16.00 元
ISBN 978-7-112-11471-9
(18741)

可持续建筑系列教材
指导与审查委员会

顾问专家（按姓氏笔画排序）：

马克俭　刘光栋　江　亿　汤广发　何镜堂　张锦秋　沈祖炎

沈蒲生　周绪红　周福霖　官　庆　欧进萍　钟志华　戴复东

审稿和指导专家（按姓氏笔画排序）：

王汉青　王如竹　王有为　仲德崑　刘云国　刘加平　朱　能

朱颖心　张小松　张吉礼　张　旭　张冠伦　张寅平　李安桂

李百战　李国强　李保峰　杨　旭　杨旭东　肖　岩　陈飞虎

陈焕新　孟庆林　易伟建　姚　杨　施　周　柳　肃　赵万民

赵红红　赵明华　徐　伟　黄政宇　黄　翔　曾光明　魏春雨

可持续建筑系列教材
编委会

主编：　张国强　尚守平　徐　峰

编委（英文名按姓氏字母顺序排序，中文名按姓氏笔画排序）：

Heiselberg Per　　　Henriks Brohus　　　Kaushika N. D.

Koloktroli Maria　　Warren Peter

方厚辉　方　萍　王　怡　冯国会　刘宏成　刘建龙　刘泽华

刘　煜　孙振平　张　泉　李丛笑　李念平　杜运兴　邱灿红

陈友明　陈冠益　周　晋　柯水洲　赵加宁　郝小礼　黄永红

喻李葵　焦　胜　谢更新　解明镜　雷　波　谭洪卫　燕　达

可持续建筑系列教材
参加编审单位

总　序

我国城镇和农村建设持续增长，未来 15 年内城镇新建的建筑总面积将达到 100～150 亿 m²，为目前全国城镇已有建筑面积的 65%～90%。建筑物消耗全社会大约 30%～40% 的能源和材料，同时对环境也产生很大的影响，这就要求我们必须选择更为有利的可持续发展模式。2004 年开始，中央领导多次强调鼓励建设"节能省地型"住宅和公共建筑；建设部颁发了"关于发展节能省地型住宅和公共建筑的指导意见"；2005 年，国家中长期科学与技术发展规划纲要目录（2006～2020 年）中，"建筑节能与绿色建筑""改善人居环境"作为优先主题列入了"城镇化与城市发展"重点领域。2007 年，"节能减排"成为国家重要策略，建筑节能是其中的重要组成部分。

巨大的建设量，是土木建筑领域技术人员面临的施展才华的机遇，但也是对传统土木建筑学科专业的极大挑战。以节能、节材、节水和节地以及减少建筑对环境的影响为主要内容的建筑可持续性能，成为新时期必须与建筑空间功能同时实现的新目标。为了实现建筑的可持续性能，需要出台新的政策和标准，需要生产新的设备材料，需要改善设计建造技术，而从长远看，这些工作都依赖于第一步——可持续建筑理念和技术的教育，即以可持续建筑相关的教育内容充实完善现有土木建筑教育体系。

随着能源危机的加剧和生态环境的急剧恶化，发达国家越来越重视可持续建筑的教育。考虑到国家建设发展现状，我国比世界上任何其他国家都更加需要进行可持续建筑教育，需要建立可持续建筑教育体系。该项工作的第一步就是编写系统的可持续建筑教材。

为此，湖南大学课题组从我本人在 2002 年获得教育部"高等学校青年教师教学科研奖励计划项目"资助开始，就锲而不舍地从事该方面的工作。2004 年，作为负责单位，联合丹麦 Aalborg 大学、英国 Brunel 大学、印度 Bharati Vidyapeeth 大学，成功申请了欧盟 Asia-Link 项目"跨学科的可持续建筑课程与教育体系"。项目最重要的成果之一就是出版一本中英文双语的"可持续建筑技术"教材，该项目为我国发展自己的可持续建筑教育体系提供了一个极好的契机。

按照项目要求，我们依次进行了社会需求调查、土木建筑教育体系现状分析、可持续建筑教育体系构建和教材编写、试验教学和完善、同行研讨和推广等步骤，于 2007 年底顺利完成项目，项目技术成果已经获得欧盟的高度评价。《可持续建筑技术》教材作为项目主要成果，经历了由薄到厚，又由厚到薄的发展过程，成为对我国和其他国家土木建筑领域学生进行可持续建筑基本知识教育的完整的教材。

对我国建筑教育现状调查发现，大部分土木建筑领域的专业技术人员和学生明白可持续建筑的基本概念和需求；通过调查 10 所高校的课程设置发现，在建筑学、城市规划、土木工程和建筑环境与设备工程 4 个专业中，与可持续建筑相关的本科生和研

总　序

究生课程平均多达 20 余门，其中，除土木工程专业设置的相关课程较少外，其余三个专业正在大量增设该方面的课程。被调查人员大部分认为，缺乏系统的教材和先进的教学方法是目前可持续建筑教育发展的最大障碍。

基于调查和与众多合作院校师生们的交流分析，我们将课题组三年研究压缩成一本教材中的最新技术内容，重新进行整合，编写成为 12 本的可持续建筑系列教材。这些教材包括新的建筑设计模式、可持续规划方法、可持续施工方法、建筑能源环境模拟技术、室内环境与健康以及可持续的结构、材料和设备系统等，从构架上基本上能够满足土木建筑相关专业学科本科生和研究生对可持续建筑教育的需求。

本套教材是来自 51 所国内外大学和研究院所的 100 余位教授和研究生 3 年多时间集体劳动的结晶。感谢编写教材的师生们的努力工作，感谢审阅教材的专家教授付出的辛勤劳动，感谢欧盟、国家教育部、国家科技部、国家基金委、湖南省科技厅、湖南省建设厅、湖南省教育厅给予的相关教学科研项目资助，感谢中国建筑工业出版社领导和编辑们的大力支持，感谢对我们工作给予关心和支持的前辈、领导、同事和朋友们，特别感谢湖南大学领导刘克利教授、钟志华院士、章兢教授对项目工作的大力支持和指导，感谢中国建筑工业出版社沈元勤总编和张惠珍副总编，使得这套教材在我国建设事业发展的高峰时期得以适时出版！

由于工作量浩大，作者水平有限，敬请广大读者批评指正，并提出好的建议，以利再版时完善。

张国强
2008 年 6 月于岳麓山

前　言

　　土木结构工程是全人类赖以生存的基本条件，它量大面广，存在于我们生活的各个领域(工厂、住宅、办公楼、医院、仓库、自来水厂、火力发电厂、高速公路、大跨度桥梁等)，乍看来这些庞然大物都是坚固结实的无机材料构成，可以工作几百年，其实不然。这些建筑桥梁结构同样存在磨损、老化、腐蚀的现象，同样存在坍塌的可能性，这些庞然大物也是有生命周期的。周围的环境对这些结构物造成影响，反过来这些结构物同样也会影响周围环境，这些事实需要引起工程师们的高度关注。

　　地球是我们赖以生存的空间，但是随着科学技术的进步，这个空间正在被人类自己所污染，环境也越来越恶劣，我们正在失去我们赖以生存的空间。环境保护已经被提到了越来越重要的议事日程上，甚至在土木建筑结构工程领域也存在环境保护的问题。

　　一个好的土木工程设计并不在于它局部的优化(某个构件结构尺寸达到最小，某个局部工程在造价、经济上最省，这都不一定是最好的设计)，一个最好的工程应该包括从建设到使用，到最后结构失效所产生的废物量最低，对环境的污染最低，对人类的危害最小。所以说曾经名噪一时的优化设计现在也不太提了，而被全寿命绿色工程所代替。

　　比方说，一段路面的混凝土结构工程，如果仅从造价来考虑，我们可以做得单薄，不配钢筋，不用沥青层。但是从全寿命设计施工的观点出发，这段公路稍微做得厚点，少配点钢筋，路面铺上薄薄的一层改性沥青，也许能够大大地延长其使用寿命，降低维修成本，也减少车辆的振动损耗。

　　一栋使用了几十年的高层钢筋混凝土结构，如果全面拆除会产生大量的废旧混凝土颗粒，这些废旧混凝土颗粒是属于不可降解的无机材料，几十年甚至几百年都会长期存留在地球上，对人类生存环境造成极大的损害。如果把拆下来的废旧混凝土颗粒造成再生混凝土，将会极大地减少废旧混凝土对环境的危害。

　　高科技的现代化建设需要大量的砂石，导致大量的山砂、河砂紧缺，有些单位取海砂为混凝土的细骨料，这在当时看来是最省最快的办法，但是从结构工程全寿命的观点来看，这是极不可取的方法。海砂里沉积的氯离子会导致钢筋迅速锈蚀，钢筋锈蚀产生大量氧化铁，体积膨胀，而引起混凝土结构的胀裂破坏。

　　建国五十多年来，我国建设了大量的混凝土高层建筑结构和桥梁结构。长期以来在风化、老化、钢筋锈蚀以及磨损的外部作用下，大量的老旧建筑或桥梁已接近或达到设计使用年限。如果拆除它们会产生大量的不可降解的废料，大大地污染环境。若有一种廉价可靠的加固材料或方法用于结构的加固和修复，延长其使用寿命，将是一种利国利民造福子孙后代的大好事情，会大大地减少对环境的污染。

7

木结构和钢结构是较好的绿色工程结构，它们被拆除后容易被降解和再利用。但是木结构和钢结构耐火性能差，木结构耐蛀性差，钢结构耐蚀性差，房屋耐久性相对较差，且造价相对较高，导致人们不大愿意建造。大量的钢筋混凝土房屋和砌体结构房屋被建造起来。

本书主要介绍量大面广的不可降解的非绿色结构工程材料—水泥混凝土结构的环境保护问题，希望引起广大结构工程师的注意。

为此，我们编写了这本书，将它敬献给广大土木结构设计与施工的工程师。希望广大工程师们在进行土木结构设计与施工的时候考虑环境保护问题，建立结构工程全寿命设计施工与使用的概念和思想，为造福于子孙后代打好基础。

本书编写过程中，张毛心教授以及研究生岁小溪、罗致、熊伟、黄曙、刘方成、刘沩、罗杰、石宇峰、周方圆等给予了大力协助，协助查阅了大量文献，整理了大量文稿，在此表示衷心的感谢。其中，第五章反映了我们课题组做的工作，在此向课题组全体成员表示衷心的感谢。此外，本书参考了大量致力于研究海砂混凝土、再生混凝土和混凝土全寿命研究的专家学者的论文，本人对他们在这些方面作出的卓越贡献表示衷心的感谢，并借此机会把这些宝贵成果奉献给广大的工程师们，希望对人类的环境保护作出我们应有的奉献。

作者

2009 年 6 月

目　　录

第一章 引 论

近些年来环境保护被提到了重要的议事日程，绿色工程被人们越来越重视。结构工程对环境的污染和影响日益严重，已经到了不得不重视的程度。作为一个结构工程师，如何考虑结构工程的可持续性呢？绿色结构是一个相对的概念，它取决于建筑结构体系。建筑结构体系按照所采用的材料进行分类，通常可以分为：砌体结构、混凝土结构、钢结构、木结构等。结构所采用的材料不同，结构所表现的绿色性能也不相同。

第一节 砌 体 结 构

砌体是由块体材料和砂浆共同砌筑而成的，其中砖石是最古老的块体材料，几千年来由于其易于取材、生产和施工，造价低廉，至今仍是我国重要的建筑材料。这种结构材料具有良好的耐火性和较好的耐久性能，这些性能均是绿色结构的要求。由于这种结构材料的强度较低，所制作的构件尺寸较大，材料用量较多，导致了结构需要耗费大量的资源。我国是一个土地资源非常紧缺的国家，人均耕地占有量只有 $1006.7m^2$，仅为世界人均水平的 45%。我国实心黏土砖的年产量曾高达 7000 亿块，不仅严重毁坏耕地，而且每年所需生产能耗 7000 多万吨标煤，同时年排放 2 亿多吨煤矸石和粉煤灰，占用大量土地而且严重污染环境。另外，由于砌体结构自重大，且这种砌体的抗拉、弯、剪的强度又较其抗压强度低，造成了这种结构抗震防灾性能较差。因此我们通常认为这类结构是非绿色的。

近些年来，大量的科研成果使这种结构焕发了新的生命力。加强对轻质、高强砖和砌块以及高黏结强度砂浆的研究和应用成为了我国砌体结构研究发展的重要方向之一。我国对混凝土、轻骨料混凝土或加气混凝土砌块，以及利用各种工业废渣、粉煤灰、煤矸石等制成的无熟料水泥煤渣混凝土砌块或粉煤灰硅酸盐砌块等的研究与开发均有较大的发展。另外，配筋砌体结构和约束砌体结构的研究都获得了广泛的应用。这些新型的砌体结构体系较传统砌体结构体系则大大提高了的抵抗不同水平和竖向荷载的能力，提高了砌体结构抗震防灾的能力。

与传统的砌体结构相比，新型的砌体材料和新的结构体系均向着可持续发展的方向迈进，已经具备了较明显的绿色特征。

第二节 混 凝 土 结 构

以混凝土为主要材料制作的结构称为混凝土结构，它包括素混凝土结构、钢筋混凝土结构、型钢混凝土结构、钢管混凝土结构和预应力混凝土结构。现代混凝土结构是随着水泥和钢铁工业的发展而发展起来的，至今已有 150 多年的历史。如今混凝土结构已经得到了广泛的应用。这种结构对自然资源的耗费和自然环境的破坏也与日俱增，它表现在三个方面。第一，混凝土中的重要成分水泥对环境的影响。自 1985 年起我国水泥产量一直居世界首位，这隐含着我们不仅浪费了大量能源还造成了大量国土流失，更突出的是向大气中排放的大量 CO_2 污染了环境。钢筋混凝土结构比例加大→水泥用量剧增→CO_2 排放加大→全球气温升高→海平面上升→影响人类社会可持续发展。第二，大量的钢筋混凝土结构构件的废弃和拆除给大自然留下了大量的不可降解的物质，如：埋入地下的水泥混凝土块、水泥灰砂等，经过几百年仍然是不可降解的无机材料，对环境造成了极大的污染。第三，混凝土离不开砂、石骨料。砂、石的过度开采也会破坏相应的自然环境和生态环境。因此，如果不考虑以上三方面的影响就称不上绿色建筑。如何解决这些问题提高这种结构的绿色性能呢？

1. 应该提高材料的强度，即提高混凝土的强度和推广应用高强钢筋

高强材料通常可以节约材料，减轻结构自重，给施工带来方便。减少建材用量，会促成节能、节省资源，减少废弃物与温室气体排放量。我国规范修订虽已取消了偏低的强度等级，设计强度等级已提高到 C80，但高强混凝土的应用仍很有限。多年来累计高强混凝土的用量不超过 1500 万 m³，不足年消耗量的 1％。工程中大量应用的仍为 C20～C40 的偏低强度混凝土，即使对于墙、柱这类受压构件也是如此。因此，尽管设计中肥梁、胖柱、深基、厚墙比较普遍，但安全储备仍不如国外。如能像规范期望的那样，应用于工程结构的混凝土达到以 C30～C50 等级为主，最高达到 C80 级，节约 30％左右的混凝土是完全有可能的。

钢筋方面，热轧带肋钢筋 HRB335 级螺纹钢是我国生产和消费最多的主导产品，而欧美等国家主要采用强度高、综合性能好的 HRB400、HRB500 钢筋。实践证明，热轧钢筋 HRB400 与 HRB335 相比，除具有性能优良、适于抗震等优点外，可节约钢材 10％～14％。

2. 应该采用更合理的结构及构件

（1）应积极推广预应力混凝土结构。预应力混凝土结构已经是一种较为成熟的结构，它的优势是其裂缝控制性能。利用高强预应力在混凝土中引起的预压应力，可以成功地抵消混凝土构件因各种作用引起的拉应力，从而大大提高结构的裂缝控制性能，同时也提高了结构刚度。高效预应力结构的另一个突出优势是其韧性和恢复性能，在偶然的冲击作用下不会脆断。即使在非设计工况形成较大变形和裂缝的情况下，只要这种作用不再重现，已形成的挠度可以恢复，裂缝可以闭合。而且这种结构可以充分发挥高强钢筋和高强混凝土的性能，从而达到节约混凝土和钢材的效果。虽然国内外对这种结构的研究非常深入，在我国的建筑工程中的应用依然偏低。

（2）应该积极发展空心结构。我国传统预制构件采用的截面形式为圆孔、工形、T形、Ⅱ形、箱形或空心格构形式，空心率可达 30％甚至更大。目前，空心截面已扩展到现浇结构。通过在浇筑混凝土时埋入芯筒、箱体或其他轻质填充材料，不但可以节省混凝土，而且降低了结构自重，减少了施工工作量，还将改善结构的其他性能（保温、隔热、隔声)。

(3)积极推广应用叠合结构。预制构件质量稳定、节约模板、简化施工、加快进度、节约材料优势显著。但是纯粹采用预制构件的结构整体性较差,难以满足抗震要求,叠合构件便显得更为合理。叠合结构利用预制构件作底层部件,在施工阶段作为模板而在后浇层的混凝土达到强度以后,即成为整体结构的一部分。其整体性及抗震性能接近现浇结构,而施工工艺又具备预制构件的长处。

(4)大力推进再生混凝土和海砂混凝土的研究和应用。工程建设需要大量的水泥混凝土,那么废弃的旧混凝土能否被重新利用成为了人们所关注的重点。在工程界,人们把废弃的旧混凝土块作为粗骨料来拌制混凝土,称之为再生混凝土,可以大大地节省卵石或者碎石,保护环境。但是再生混凝土的特性我们目前知之甚少,比方说再生混凝土的吸水率对水灰比和强度的影响,再生混凝土的强度和刚度对变形的影响,我们都了解得不多,需要作深入的研究。另外,诸多工程结构建设需要用到大量的石英质山砂、河砂,大量开采山砂、河砂会导致其匮乏。人们不得不考虑开始使用海砂。但是海砂含有大量氯离子,将其作为细骨料会严重影响混凝土的性能,致使混凝土中的钢筋锈蚀、膨胀,进而导致混凝土的开裂。因此,近年来人们开始研究如何去除海砂中的氯离子,最常用的方法是用淡水清洗海砂。由于近年来淡水也变成了大陆的重要资源,人均淡水量越来越少,不可能用大量的淡水去清洗海砂。这样,用海砂作为细骨料拌制的混凝土的耐久性问题也成为人们研究的重点。

第三节 钢 结 构

钢结构在我国有着悠久的历史,长期以来限于钢产量,这种结构难以大规模推广。自 1996 年以来,我国钢材年总产量超过 1 亿吨,总量居世界第一,而且已能为社会提供 H 型钢等各类钢结构用钢。从生产规格看,完全符合多层、高层、超高层房屋钢结构的结构力学性能、截面经济性能。这一点已在北京、福建、浙江等地的房屋钢结构工程实践中充分得到证实。这无疑对钢结构的发展提供了充分的材料支持。

我国大多数专家学者认为钢结构是一种绿色结构。因为钢结构与砖石、混凝土结构相比具有突出的特点。一是可干法施工,节约用水,施工占地少,产生的噪声小、粉尘少;二是由于自重减轻,基础施工取土量小,对土地这一宝贵资源破坏小;三是大量减少混凝土和砖瓦的使用,减少了城市周边的开山挖石,有利于环境保护;四是将来结构拆除产生的固体垃圾少,废钢资源回收率高。另外,钢结构的材料具有强度高、重量轻、塑性好、韧性好、抗震防灾性能好等良好的力学性能。从目前来看,钢结构建筑是对城市环境破坏最小的结构形式之一。

但在西方也有一些专家认为废钢资源的回收率虽然很高,但对其重新加工时所耗费的能量却非常巨大,并不符合可持续发展的要求。另外,这种结构的耐腐蚀性差,在使用过程中要定期的对结构进行检修和维护。而且钢结构防火能力较差。这些方面均影响这种结构的绿色表现。尽管如此,在西方该结构仍然被广泛采用。人类正在通过科技的力量开发新型的钢材,以满足绿色结构的要求。耐火钢、耐候钢、低屈服点钢和高强度钢的研究就是很好的实例。

第四节 木 结 构

木结构通常被认为是较为理想的绿色结构。这种结构具有以下几方面的特点：

1. 结构安全可靠

木结构建筑具有很好的安全可靠性。木材是一种轻质高强的建筑材料，它的比强度较高。例如：常用木材中松木的比强度为 $0.069m^3 MPa/kg$，低碳钢的比强度为 $0.053m^3 MPa/kg$，普通混凝土的比强度则只有 $0.012m^3 MPa/kg$，由此可见，松木的比强度要高于低碳钢和普通混凝土。木材还具有较好的弹性和韧性，能很好地吸收振动和冲击能，对瞬间冲击和同期性疲劳破坏抵抗力较强。即使有地震发生，木结构建筑在一定程度上仍能很好地保持结构的稳定和完整。

2. 结构能耗低

木结构建筑比较节能。在所有的建筑材料中，木材及其制品的获取，包括生产、加工、运输、供应，它所需要的能量最小。另外，木材对热、声、电的传导性都较低。木结构具有良好的隔声性和保温隔热性能。有研究表明：若达到同样的保温效果，木材需要的厚度是混凝土的 1/15，是钢材的 1/400。在使用同样的保温材料时，木结构比钢结构的保温性能好 15%～70%。这意味着不仅建筑能耗的大大降低，也可节约材料，而且居住环境质量将得到提高。

3. 布局造型灵活，施工方便快捷

木结构建筑具有布局与造型灵活的特点。其施工周期短，维修和翻修方便，能在很大程度上节约劳动力和施工时间。因为木结构可采用标准化和预制化施工，这无疑大大加快了施工速度，所以建造木结构建筑的时间就会比较短。

4. 环境效益好

在建筑材料中，木材在生产使用过程中给环境所带来的负荷是最小的。我们都知道，建筑物的一般寿命平均在 50 年左右，那些已到使用年限、不再满足安全使用要求的建筑物都将被拆除或加固。而对这些被拆除的建筑物材料的处理，一直是困扰城市生态环境的一大问题。下面通过几种主要建材的生命周期对环境影响的比较（表 1-1），我们可以看出木材具有低污染、可循环利用、环境友善等特性。

主要建材生命周期对环境影响比较　　　　　　　　　　　　表 1-1

材料分类	对水污染	能源消耗	温室效应	空气污染指数	固体废弃物
木材	1	1	1	1	1
钢材	1.20	1.9	1.47	1.44	1.37
水泥	0.9	1.5	1.88	1.69	1.95

虽然木结构建筑具有以上种种优势，但目前在我国，要把木结构加以推广仍然较为困难。一方面，我国的森林覆盖率不高，难以提供充足的优质建筑木材。现阶段建筑用木材主要以进口为主；另一方面，我国城市人口多，城市住宅一般较多采用多层

或高层建筑，而木结构房屋难以胜任这样的结构要求。

当然，木材也存在一些缺陷。在木结构建筑建造使用过程中还要注意木材的防水、防潮、防虫、防火等问题，这些问题影响着这种结构的绿色性能。

第五节　旧房加固与改造

由于我国相当多的建筑物已经进入中老年期，接近或已经达到设计基准期，必须对这类结构进行处理。与拆除重建相比，对已修建好的各类房屋建筑、桥梁进行维修、保护和加固，保持其正常使用功能，延长其使用寿命，不但可以节约投资，而且能够减少土地的征用，减少建筑垃圾的排放，对环境保护有着重要的意义。目前，针对不同的房屋结构及不同的结构损伤情况已经开发和研制了大量的加固方法。选择这些加固方法时必需遵循三个原则，即安全、经济、环保。

绿色结构所包含的内容很多、很广，远非本书内容所能够概括的。本书所介绍的仅仅是该领域一些较新和较为前沿的技术和研究。希望广大读者能够遵循 4R 原则，即 Re-new(更新)，Re-cycle(循环)，Reuse(再利用)，Reduce(减量)的原则，使工程结构研究和实践处处焕发绿色。

第二章　全寿命设计与施工思想

工程结构的可靠性与安全性是结构工程师最为关心的问题[1]。在历史上最早涉及结构可靠性的 Ham-murabi 法典中指出，结构工程师的生命与结构的安全性是息息相关的。随着现代文明的进步，工程结构的失效虽不至于直接威胁工程师的生命，但也会损及其名望与利益。对各种荷载和作用估计不足、对结构性能缺乏充分的理解、过低的强度储备、建筑材料性能的劣化、施工质量控制水平低劣以及设计、施工、管理人员业务水平不足等诸多因素，是导致结构失效的主要原因，人类为此已付出了惨痛的代价。1940 年 Tacoma 大桥在风荷载作用下的倒塌使得人们开始注意到结构在风荷载作用下的动力行为；1940 年德国国会大厦因钢筋锈蚀而坍塌，引起人们对钢筋混凝土结构的耐久性问题的关注；1963 年墨尔本西门桥（WestGate Bridge）的倒塌源于节点焊接质量不高；1997 年常山房屋倒塌的惨剧源于低劣的施工质量；每年因施工现场脚手架倒塌、坠落、触电等原因导致的人员伤亡，使得施工中的安全问题得到社会各界的普遍关注；1989 年美国 South Pass Block 60 平台因工业爆炸引起火灾，导致结构失效；2001 年美国 9 · 11 惨剧震惊世界，使得结构在火灾、碰撞、爆炸作用下的安全性成为工程界关注的热点。

历史上的惨痛教训给人们两方面的启示：（1）工程结构的安全性和可靠性问题不仅仅存在于正常使用阶段，也普遍存在于工程结构的整个生命周期，即设计、维护使用和老化各个阶段，因此，需要从结构生命周期的角度对结构的安全性和可靠性进行全面的分析、评价和控制；（2）随着人类文明的进步和工程开发领域的不断扩大，许多新问题，例如火灾、碰撞、爆炸等偶然作用将逐步突显出来，因此，工程实践和工程研究要与时俱进，不断地克服和解决工程中出现的一系列新问题。

第一节　全寿命设计结构工程的思想[2]

所谓结构的全寿命周期，是指一个结构从施工建造到投入使用，再到使用若干年后结构性能逐渐退化的整个时间历程。在结构施工建造期，由于结构还未形成整体的受力骨架、混凝土尚未达到设计龄期、施工中的荷载作用与结构使用期的设计荷载作用有显著差别等因素，结构往往表现出较高的失效概率；在结构竣工交付使用后，由于这些因素被消除或得到控制，结构的失效概率降低；在结构使用若干年以后，结构由于材料性能的退化、使用过程中累积起来的各种损伤等因素，使得结构的失效概率再次升高。结构在全寿命周期的失效概率的变化形成了所谓的"浴盆曲线",如图 2-1 所示,其中 P_f 为结构的失效概率,P_{f0} 为容许的失效概率。为确保结构的安全性和可靠性,必须对结构全寿命周期各个阶段的失效概率或者风险进行分析与控制。

在正常使用阶段结构的安全性和可靠性长期以来受到工程界的普遍关注,大量研究工作使得工程结构的设计方法和设计理论有了长足的进步,并且对各种常遇荷载作用和结构性能

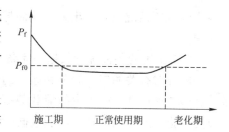

图 2-1　结构生命周期与失效概率的关系

有了比较准确的把握,取得了丰富的研究成果,这些成果在工程结构设计规范中得到了充分的体现。

但结构设计规范并没有完全解决工程结构全寿命周期的安全性与可靠性问题。Reid 对于美国主要建筑结构的统计表明,对于设计计算年失效概率为 10^{-6} 量级的结构(相当于现行规范声明的目标年失效概率),由于各种原因(包括施工、使用中的偶然作用和老化)所导致的实际观测到的年失效概率为 $10^{-3} \sim 10^{-2}$。造成这样大差距的原因主要是:

(1)设计规范侧重于对正常施工条件下结构的安全性与可靠性进行控制,而对结构在施工阶段所面临的各种风险以及与这些风险有关的安全性问题尚缺乏有效的控制措施;

(2)设计规范是针对在正常使用条件下各种荷载引起的失效,而很少针对一些特殊事件,例如恐怖活动引起的爆炸、火灾等导致的失效;

(3)设计规范没有充分考虑由于环境因素所引起的材料性能劣化的影响。

从结构的全寿命周期角度出发,进一步开展结构在施工期、老化期以及结构在各种偶然灾害作用下的安全性和可靠性研究,具有重要的理论意义和工程实践意义。

第二节　施工期工程结构的安全性和可靠性

施工期工程结构的安全性和可靠性问题表现为 2 个方面:一是施工期间因工程事故而发生结构倒塌或失效;二是由于施工期间留下的质量隐患而使结构在后续的使用期内发生失效。统计分析表明,施工阶段建筑工程失效事故明显高于正常使用阶段。美国大约 57%的工程破坏事故发生在施工阶段,在俄罗斯这个比例为 70%;而对我国近十年 357 起倒塌事故的统计分析表明,78%发生在施工阶段。

导致施工过程中的质量问题和安全问题的因素大致可归纳为如下几方面:

(1)缺乏有效的规范体系保证

我国长期以来没有临时性工程的设计规范,对临时支护系统的设计只能按正式的结构设计规范执行。我国从 20 世纪 60 年代引进扣件式钢管脚手架以来,脚手架的计算方法一直未能规范化,这种状况延续到 21 世纪初才得到初步解决,而且由于脚手架采用构件连接,而搭设结构又属于不稳定系统,这就造成结构设计方法和规

范与实际施工情况有较大出入，从而导致了设计与工况脱节、设计与施工脱节等一系列问题。

（2）施工中的各种统计数据不完备

国内外对有关的施工规范和标准的研究表明，目前的设计方法缺乏必要的数据基础，这些数据包括：施工中的荷载数据、支护结构构件的抗力数据、支护结构连接性能数据、施工期结构材料的性能数据（例如未达到设计龄期的混凝土强度）等。

（3）施工期结构和荷载的时变性

在施工过程中，结构的形式、组成结构的材料特性以及结构所受到的荷载随着施工的进行而剧烈变化，这一特点与使用期内结构的受力特点有显著的不同。在施工期内，结构往往没有形成一个完整的受力体系，组成结构的各种功能材料往往不能达到设计强度，施工中结构受到的荷载具有显著的时变性与不确定性，这些因素是施工期结构具有较高失效风险的重要原因。

（4）施工中的人为错误

人为错误是指偏离期望结果的事件。国内外大量工程实例表明，产生于结构设计、施工阶段的人为错误是造成工程失效的重要原因之一。造成人为错误的原因基本可分为技术因素（如规范表达含糊）和社会因素（教育、管理）两部分，绝大多数人为错误是由于技术因素和社会因素共同作用而产生的。

（5）其他原因

还有其他原因也可能造成施工期的事故，包括无证设计、无证施工、粗制滥造、以次充好等管理体制方面的原因，也包括对施工期结构安全缺乏足够重视等方面的原因。

施工阶段结构的安全性和可靠性面临的主要问题是：1）影响因素多，各种影响因素的不确定性大且往往存在于施工工序的各个环节；2）各种临时性结构的设计安全水准难以确定，结构发生失效的可能性也相对较高。

第三节　全寿命设计的理论

水泥混凝土材料是现在最为广泛使用的建筑材料，这主要是因为钢筋混凝土结构和材料相对其他结构和材料而言，是最为经济和耐久的。然而，由于混凝土材料自身和使用环境的特点，混凝土结构仍不可避免地存在耐久性问题。事实上，自水泥混凝土问世以来，大量的混凝土结构由于各种各样的原因没有达到预期的设计使用年限而提前失效，其中部分失效是由设计不当造成，而更大部分是源于混凝土结构的耐久性不足。当前欧、美等发达国家每年用于已有工程的维修费用都已占到当年土建费用总支出的1/2以上。我国除了存在着"南锈北冻"的现象外，与发达国家有所不同的是，我国建筑物中的混凝土结构和以混凝土为主体的结构的数量居绝对支配地位（据统计超过99%），在役混凝土结构的耐久性问题更加突出。

钢筋混凝土结构的安全性与耐久性密切相关，耐久性直接影响后期（老化期）的安全性和使用性能。总体来说，混凝土的性能是随时间变化的。结构的可靠度指标一般在使用初期保持不变，甚至可能由于混凝土中水泥水化的继续发生而略有上升；但到结构使用后期，由于材料的劣化，结构整体性能发生退化，可靠度指标逐渐下降。随时间的变化，结构中钢筋的锈蚀程度对结构性能的影响以及对结构安全可靠度指标的影响如图 2-2 所示。可以看出，在时间 t_1 以后钢筋锈蚀速度加快，在时间 t_2 以后结构进入老化阶段，可靠度指标 β 快速下降，即结构的安全性快速下降。

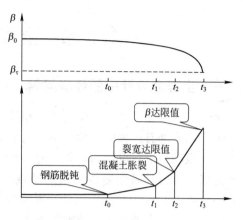

图 2-2　结构可靠度指标与使用时间的关系

第四节　全寿命设计的方法

一、结构全寿命过程的荷载特性分析

应对结构全寿命过程中不同使用阶段的荷载特性进行研究，包括施工期持久性活荷载及临时性活荷载的小样本统计分析、各种施工荷载最大值概率分布函数的确定、施工荷载组合特性，建立结构全寿命过程中结构各类荷载时变性分析模型、结构不倒塌极限状态地震作用效应的统计参数和概率模型、恒载效应、活载效应、地震作用效应间的相关性及其表达方式、结构不同服役期与荷载取值标准的关系等；结构动力系数，结构自振周期等参数的统计直接关系到地震作用效应的统计规律，通过研究得出地震作用效应与恒载效应、活载效应间的相关性规律。通过比值分析法将地震作用效应的统计分析转化为对结构动力系数、结构自振周期等参数的统计，恒载效应、活载效应、地震作用效应间的相关性及其对结构抗震可靠度的影响。

二、结构全寿命过程中各种参数时变性及不确定性因素分析与处理

应针对结构在不同阶段的特点(如施工阶段、老化阶段)，研究有关参数的时变性及不定性的统计分析，包括结构材料特性的时变性分析、结构几何形状的时变性分析、结构边界状态(支护体系)的时变性分析、组合材料构件的抗力分析、结构各种参数时变性对抗力影响不定性的统计分析，确定结构不同极限状态下抗力统计参数的概率模型。

过去将多种确定性因素分别处理，人为地割裂了它们的相互联系，脱离了工程实际，而多种不确定性因素是影响结构功能可靠度的关键，应在分析全寿命过程中随机因素、模糊因素、未确定信息因素的基础上，根据不同情况下 3 种确定性之间的相互关系，在不失信息本质的前提下，通过概率等效法建立统一处理全寿命过程中多种确定因素的理论和方法。

第五节 全寿命成本分析[3]

一、全寿命设计中的经济问题

由于以往对建设项目的耐久性认识不足或重视不够，给社会带来了严重的经济负担。不少国家都有沉重的经验教训。这也日益引起了各国工程界和经济界的高度重视：即在对建设项目进行设计时，要充分考虑结构的耐久性问题。并全面地考虑建设项目在建造以及运行的各个阶段的费用和效益。进行项目全寿命的成本分析（LCCA-Life Cycle Cost Analysis）。我国正处在基础建设的高潮时期，特别是大型基础建设项目，投资巨大，对社会的经济、政治等各个方面有着相当大的影响，进行全寿命的经济分析和评价，对建设项目的决策、管理和维护等若干方面都有重要的意义。本节在简单介绍混凝土结构的耐久性问题的基础上，就其耐久性不足产生的经济影响进行分析。并将系统分析方法引入建筑项目经济评价中。讨论提高建筑项目长远经济目标的方法、措施和建议。

二、混凝土结构的耐久性及结构寿命

1. 混凝土结构的耐久性问题

上世纪 60 年代末期，发达国家逐渐发现已有的建筑物，特别是基础设施工程出现日益严重的耐久性问题。美国许多城市或地区的混凝土基础设施和港口工程建成后不到二三十年甚至在更短的时间内就出现严重劣化。美国在 1984 年报道，仅就桥梁而言，57.5 万座钢筋混凝土桥中一半以上出现钢筋腐蚀问题，40％承载力不足和必须修复与加固处理；1988 年报道，钢筋混凝土腐蚀破坏的修复费，一年要 2500 亿美元，其中桥梁修复费用为 1550 亿美元（是这些桥梁当初建设费用的 4 倍）。又据 1998 年美国土木工程学会的一份材料估计，目前美国整个混凝土工程的价值为 6 万亿美元，大概需要 1.3 万亿美元来处理美国国内基础设施存在的问题，今后每年用于维修或重建的费用预计将高达 3000 亿美元。加拿大、欧洲、澳大利亚及海湾国家和地区，都有以氯盐为主的钢筋腐蚀破坏问题。值得一提的典型实例是英国英格兰中部环形快车道上的 11 座钢筋混凝土高架桥，1972 年建造，费用是 2800 万英镑，到 1989 年因维修而耗资 4500 万英镑，是当初造价的 1.6 倍，专家估计以后 15 年还要耗资 1.2 亿英镑，累计接近当初造价的 6 倍。与发达国家相比，我国开始进行大规模土木工程建设的时期还比较短，但工程耐久性问题已暴露得非常突出，混凝土结构耐久性的问题也相当严重。我国尚缺乏严格的统计数据，但国家统计局和建设部在 80 年代进行的一项调查表明，我国大多数工业建筑物在使用 25～30 年后即需大修，处于严酷环境下的建筑物使用寿命仅 15～20 年，个别建筑物的使用寿命不足 10 年。桥梁、港口等基础设施工程的耐久性问题更为严重。许多工程建成后几年就出现钢筋锈蚀、混凝土开裂，海港码头一般使用 10 年左右就因混凝土顺筋开裂和剥落而需要大修。

2. 影响混凝土结构耐久性的因素

混凝土结构耐久性是指材料抵抗其自身和外界环境因素长期破坏的能力。影响混凝土结构耐久性的因素包括环境、材料、构件和结构等。混凝土结构所处的环境可以划分为一般大气环境、海洋环境、土壤环境及工业环境等。钢筋混凝土结构包括混凝土和钢筋两种材料，混凝土结构的劣化可以分为混凝土材料的劣化和钢筋的劣化，前者表现为强度的降低、混凝土开裂、表面剥落和溃散等现象，后者则指钢筋的锈蚀与劣化。当然，混凝土的开裂与钢筋的锈蚀是相互联系的。

国内外的经验证明，当今世界混凝土破坏的原因，按递减顺序依次是：钢筋腐蚀、冻害、物理化学作用。显然钢筋腐蚀排在影响混凝土耐久性因素的首位，而来自海洋环境的氯盐和用于化冰雪的除冰盐，又是造成钢筋腐蚀的主要原因。混凝土耐久性问题归纳起来主要有：

（1）混凝土质量（主要是抗渗性能）的缺陷和在使用过程中混凝土性能的不断劣化；

（2）环境及使用环境的侵蚀介质。

3. 混凝土结构的寿命及影响因素

考虑全寿命成本是合理确定使用寿命和耐久性设计的重要内容之一。从使用寿命终结的角度出发，可以将使用寿命分成三类：

（1）技术性使用寿命，是结构使用到某种技术指标（如结构整体性、承载力等）进入不合格状态时的期限，可因混凝土剥落、钢筋锈蚀引起；

（2）功能性使用寿命，与使用功能的要求有关，是结构使用到不再满足功能使用要求的期限。如桥梁的通车能力已不能适应新的需要等；

（3）经济性使用寿命，是结构物使用到继续维修保留已不如拆换或重建更为经济的期限。

结构（或构筑物）性能劣化曲线如图 2-3 所示。其中，性能指结构的安全性能或使用性能，性能最低要求线表示结构满足设计时预定的正常使用承载力和正常使用的要求，即满足安全性、适用性，T_0 即为结构的寿命。当性能 F 低于"性能的最低要求"时，结构（或建筑物）必须限制使用，如桥梁的安全性低于最低安全要求时，必须限制车辆通行，或及时采取加固措施，以保证结构安全并延长结构的使用寿命。

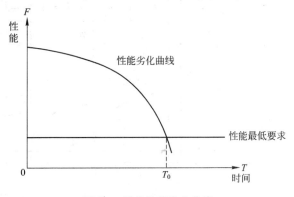

图 2-3　结构性能劣化曲线

对于结构的安全性能可采用 $0.85\beta_0$ 作为结构可靠指标的最低要求，β_0 为国家规范规定的结构目标可靠度。为了更明确地描述结构性能的退化，以钢筋锈蚀为主要原因的结构耐久性劣化与时间的关系，可以更详细地分为钢筋开始锈蚀的时间、混凝土开始胀裂的时间、混凝土表面开始剥落的时间等。图 2-3 中，曲线的形状与历时显然与设计、材料、施工质量、使用条件、环境以及结构的维护水平等若干因素有关。

三、考虑耐久性的建设项目经济分析

1. 建设项目经济分析中的问题探讨

在建设项目经济评价中，财务评价的计算期一般不超过 20 年，但建设项目的建筑结构设计使用年限一般规定为 50 年，大型基础建设项目的设计使用年限还要长，而且规定设计使用年限，只是为了明确计算结构可靠指标所必需的时间参数，它并不简单地等同于结构的实际寿命。在以往的建设工程项目评价时，主要考虑初建成本和使用运营过程中少量的维护费，很少考虑工程建成后因耐久性不足所带来的严重经济损失、资源浪费和种种社会问题。实践证明，以往的做法在技术、经济上都不合理。因耐久性不足所带来的严重经济损失、资源浪费和种种社会问题已迫使我们在对建设项目进行经济分析时，不得不充分考虑耐久性问题，并对建筑物进行生命全过程的宏观经济分析。道路、桥梁等大型基础建设项目，使用期往往很长，期间除了正常维护外，可能还要进行若干次的修复，图 2-4(a) 给出了大型基础建设项目全寿命期内的费用现金流量示意，主要包括项目的初始造价、日常维护费用（包括检测费用）、修复费用和残值；图 2-4(b) 给出了结构（或构筑物）的性能劣化示意，每次修复后结构的性能提高，使用寿命得以延长。另外，维修加固或采取补救措施的时点选择对于以后的曲线形状与历时也有着相当大的影响。

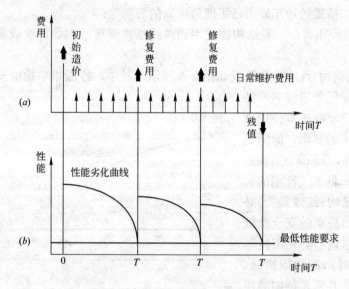

图 2-4 项目全寿命期内的现金流量和性能劣化示意图

从以上分析可知，建设项目投资应包括初始投资和进一步投资两部分：第一部分指建设时的设计、施工等相关费用；第二部分包括为保证达到寿命期所必须的进一步费用，包括整个寿命期内的维护、检测、修复甚至部分构件的替换费用，大量工程实践表明，这一部分的费用相当可观。在设计阶段，设计人员需要对工程对象的全寿命成本进行估计，提供工程建造的一次性投资费用以及在预期使用寿命内的维修费用和更换部件的费用。有时只需增加不多的初期投入，就可以大为改善结构使用寿命，例如适当提高混凝土材料的强度等级，能够大量节约以后使用期内的维修费用，设计者需要在现行规范的最低强度或构造要求与耐久性要求之间寻求恰当的平衡。要达到设计寿命的预定目标，设计人必须对材料和部件的选用，施工工艺和施工质量控制，以及使用过程中的正常维修与检测提出要求。在对结构使用寿命的预测过程中，困难在于耐久性能的退化趋势不仅取决于它的历史，还要受到当前环境变动的影响，况且历史数据又往往不尽全面与准确。

2. 结构全寿命经济分析系统方法

在对建设项目进行全寿命经济分析时，需要考虑以下几个重要问题：

（1）结构性能劣化的预测和评估

结构全寿命经济分析取决于结构劣化模型，即需要准确地预测结构的劣化状态。以往对项目进行经济评估中，大多采用确定性的方法，所用的基础数据大都来自预测或估算，尽管使用了各种方法对方案进行有效地预测或估算，但都不可能与将来的实际情况十分吻合，特别是上述耐久性的影响因素是随机的、模糊的，即具有不确定性。而且结构的实际作用荷载、材料强度、使用环境条件的离散性、人们对结构劣化认识的局限性等，具体表现在两个方面：一是影响耐久性的因素相当复杂，且实际存在着大量的模糊性因素；二是这些影响因素与耐久性及结构性能退化历时之间很难找出一一对应的函数关系，这就导致了项目经济效果评价的不确定性和风险性，甚至造成决策失误。国内外学者对混凝土劣化历时进行了若干研究，但就目前的技术水平，尚不能有效地预测建筑物建成若干年后的结构性能，即图2-3所示的结构性能劣化曲线是很难准确预测的，目前可行的方法是采用与时间有关的可靠度结构管理系统，对建筑结构进行定期检测，根据实际检测结果进行结构可靠性分析，确定当前结构性能，采取相应的维护或修复措施，并结合以往数据进行综合分析，更新结构劣化预测方法，调整性能劣化模型曲线。由于结构性能检测和分析的投入也很可观，因此需要为以后的结构性能检测制订方案，即预测以后何时进行检测，采用哪些经济有效的检测方法，并对结构检测也要进行费用效益分析。劣化混凝土结构可靠性评估框架如图2-5所示。

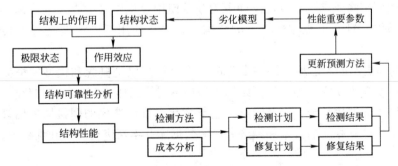

图2-5　劣化混凝土结构可靠性评估框架

在图2-5所示的评估框架中，首先要明确结构的最低性能要求和安全标准，并将历次结构检测数据补充到结构状态数据库中，每次检测后，结构的劣化趋势可以进一步得以明确，每次修复后结构的可靠度指标得以提高，维护策略、检测计划、最优维修计划可以进一步更新。基于可靠度的维护管理系统的主要目的是在最小的寿命期内的维修费用下，有效地计划和实施维护和维修措施，满足结构的安全性能和适用性能。

（2）结构修复时机的选择及修复程度的确定

如上节所述，通过定期检测结果修正的结构性能劣化曲线。可以比较客观地预测为期不长的结构未来的性能。在图 2-3 中，何时进行结构修复需要进行综合地技术分析和经济分析。如以钢筋锈蚀为主要原因的混凝土结构性能劣化，已有的大量工程实践和研究均表明，混凝土因钢筋锈蚀而胀裂的时点，是结构性能劣化的突变点，在此时点以后对结构进行修复，其直接费用和造成的间接损失会成倍增加，而在发现钢筋刚刚开始锈蚀时采取修复措施，其修复费用和造成的间接损失相对少得多。而这两个时点的时间间隔通常只有几年。何时维修可以获得最大的经济效果需要进行系统分析。

（3）结构最优使用寿命的确定

结构性能的影响因素很多，且其中许多因素是随机的，因此，结构使用寿命也是随机的，虽然可以通过维修或加固来延长结构的使用寿命，但当剩余使用寿命期内所创造的效益小于修复费用或目标效益时，即结构已经不值得修复或加固。建设项目经济分析是对建筑物进行生命全过程的宏观经济分析，不可避免地要涉及到风险分析。一般用今后可能的失效概率和失效造成的损失乘积来描述与评估风险，所以有关建筑物合理使用寿命的分析不可能离开建筑物失效概率的控制。用概率可靠度方法来分析使用寿命的困难在于缺乏有关参数的统计特性，包括结构条件及经济条件的数据库。

四、结语

（1）因为耐久性问题往往在项目建成若干年后才出现，因此对耐久性的关注和推行寿命期成本分析 LCCA 必须有相应的配套法规，作为工程项目投资和决策的重要依据。实行寿命期成本分析可以有效避免短期行为，使设计者、投资方、工程承包方和使用管理等部门，从一开始就立足于全寿命的总体经济效益最优，各负其责、各尽其职，提出并采取技术可靠、经济合理的方案和措施。

（2）设计使用寿命与使用期内的正常维修水平有关，设计人应对建筑物的业主或用户提出使用维修要求。并应在设计中为今后使用过程中的检查、维修和部件的替换创造工作条件，对处于恶劣环境下的结构物，要在使用期内定期进行耐久性检查和评估。

（3）前面提出的考虑耐久性的全寿命经济分析仅仅是概念和模型的框架。许多问题有待进一步深入研究，如：不同结构类型在不同使用环境下的结构劣化模型；维护、检测和维修加固费用预测，以及因结构性能劣化和维修造成的间接损失估算等。重要的是需要尽快建立相应的技术和经济方面的数据库并不断进行补充和维护[4]。

第三章 再生混凝土

目前，我国每年混凝土使用量为40亿～50亿t，砂石用量要在30亿t以上，而同时，我国每年废弃的混凝土总量超过了1360万t。开采天然骨料对自然环境造成了严重的破坏，落后的废弃混凝土处理方法造成了资源的极大浪费。再生混凝土技术既能解决废旧混凝土的处置问题，又能节省天然砂石，解决部分环境问题，具有明显的社会效益、经济效益和环保效益，被认为是发展绿色混凝土，实现建筑资源环境可持续发展的主要措施之一，已成为混凝土研究领域中的一个热点问题[5]。

第一节 再生骨料的含义和分类

从广义上讲，再生混凝土骨料是指经过特定处理、破碎、分级并按一定比例混合而成，用于配置不同性能和使用要求的混凝土时替代天然骨料的材料。这些材料包括混凝土块、碎砖瓦、玻璃、炉渣，此外还有废弃橡胶、塑料，木材等。但一般意义上的再生混凝土骨料主要是指由废弃混凝土块得到的再生骨料，这也是研究和应用最多的再生混凝土骨料。

再生混凝土骨料多数参考普通混凝土骨料的分类方法进行分类。在我国，研究者多根据《普通混凝土用砂、石质量及检验方法标准》（JGJ 52—2006），将粒径在0.16～5.00mm之间的再生骨料称再生细骨料，粒径大于5mm的称再生粗骨料。也有学者考虑到再生细骨料中含有细小水泥浆颗粒，将再生细骨料的粒径范围定为0.08～5.00mm。日本于1994年4月颁布了《再生混凝土材料质量试行条例》，给出了再生骨料、再生基层材料、填充材料的质量标准，并划分了再生骨料的质量等级，如表3-1所示，表中坚固性指标与我国压碎指标意义相同。

日本再生骨料质量标准（％） 表3-1

粗骨料			细骨料		
等级	吸水率	坚固性指标	等级	吸水率	坚固性指标
Ⅰ	<3	12	Ⅰ	<5	<10
Ⅱ	<3和40或者<5和<12	—	Ⅱ	<10	—
Ⅲ	<7	—	Ⅲ	—	—

第二节 再生骨料的生产工艺

目前再生骨料的生产工艺大都是将切割破碎设备、传送机械、筛分设备和清除杂质设备有机结合，完成破碎、去杂、分级等工序。不同设计者和生产厂家只在生产细节上稍有不同。图 3-1 是当前俄罗斯具有代表性的再生混凝土骨料生产工艺。日本具有代表性的再生骨料的生产过程包括三个阶段：（1）预处理阶段：除去废弃混凝土中的其他杂质，用颚式破碎机将混凝土块破碎成 40mm 直径的颗粒；（2）碾磨阶段：将混凝土块放入旋转的偏心筒中，相互碰撞、摩擦，除去附着于骨料表面的硬化水泥浆。（3）筛分阶段：将碾磨后的颗粒筛分，除去水泥和砂浆等细小颗粒，最后得到的即为高性能再生骨料。再生骨料的生产过程中，废弃混凝土块在破碎机械中不断受到冲撞、挤压、研磨，损伤积累，再生骨料内部产生大量微裂纹，混凝土块中天然骨料和水泥浆体的原始界面受到破坏，粘结力下降。因此骨料包裹的硬化水泥浆越少，再生骨料性能就越高。但一般的生产工艺生产的再生骨料与天然骨料相比含有30%左右的硬化水泥浆。可见，生产工艺对再生骨料的影响不容忽视。此外，资料还表明：再生骨料经水冲洗后对提高再生骨料性能非常有利。

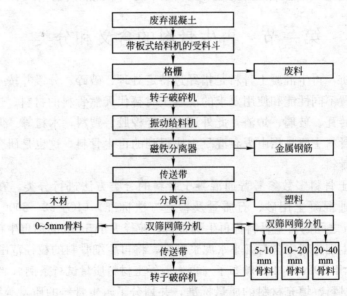

图 3-1　俄罗斯再生骨料生产工艺

第三节　废弃混凝土再生利用的环境效益、社会效益和经济效益[6]

一、良好的环境效益和社会效益

废弃混凝土的再生利用可很好的解决资源、环境的协调发展问题，废弃混凝土的再生利用具有很好的环境效益和社会效益，具体体现在以下几个方面：

（1）目前，混凝土作为最大宗的人造材料，对自然资源的占用及对环境造成的负面影响非常严重，而废弃混凝土的再生利用可以解决我国每年产生的巨量废弃混凝土的处理难题和由其引发的对环境的负面影响等问题，保护人类的生存环境。如再生混凝土的环境评价分析表明：利用废弃混凝土再生骨料生产混凝土时，可节省石灰石资源62%，同时可减少20%的CO_2排放量，并且高性能再生骨料混凝土还可以综合利用粉煤灰、矿渣等工业废渣，同时还可以解决大量工业废渣的处理难题和由其产生的对环境的二次污染。

（2）废弃混凝土的再生利用，有利于保护耕地，保护生态环境，具有很重要的环保意义。如果直接将废弃混凝土运到郊外直接填埋就需要占用大量的土地，这对我国日益减少的耕地无疑是雪上加霜。如韩国、日本等国都通过对废弃混凝土的再生利用，有效地保护了环境和国土资源。

（3）目前，我国天然骨料资源相对不紧缺，但自然资源并不是取之不尽，用之不竭的。将废弃混凝土再生利用，可以节约大量的天然砂石，减少天然砂石的开采，从根本上解决天然骨料的日益匮乏和大量砂石开采对生态环境的破坏，对保护我国的山体和河流有很重要的意义，有利于维持生态环境的平衡和社会的可持续发展。

（4）废弃混凝土再生利用可以减少城市垃圾的处理费用，减轻社会负担。

二、很好的经济效益

已有的应用经验表明废弃混凝土的循环再生利用具有很好的经济效益。而从宏观来分析，废弃混凝土的经济效益具体体现在以下几个方面：

（1）就地或就近处理和使用废弃混凝土，可以大大降低废弃混凝土再生利用成品的生产成本，获得很好的经济效益。如果就地和就近处理和使用废弃混凝土，可以有效地减少装卸、搬运、运出和运入的费用，从而大大降低再生骨料的成本。如我国合宁(合肥-南京)高速公路就是一个成功的工程实例。在此路面维修中，就地和就近利用废弃混凝土的利用率达到了80%，节约骨料的运输费用约为117万~130万元，节省废混凝土占用土地费用67万~75万元。

（2）本地区天然骨料的储量及其市场价格，是推动再生骨料应用的最大动力。例如武汉市用来配制混凝土的天然粗骨料的市场价格大多在40元/t左右，如果工业化生产再生粗骨料的成本低于天然粗骨料，且武汉市石料相对紧缺的话，其应用的经济效益会更好一些，其应用的经济价值也就更高一些。如日本、丹麦、荷兰等这些国家石料紧缺，每年都需从周边国家进口大量的天然骨料，因而其十分重视从废弃混凝土中回收利用再生骨料，再生骨料的应用弥补了天然骨料的不足，其应用也就显得更有经济价值。

（3）废弃混凝土的再生利用可以节省大量的垃圾清运和处理费用。垃圾处理必然要考虑政府的政策、法规，并根据垃圾场的远近，综合分析城市垃圾处理的有关费用，如城市规划中规定了建筑垃圾堆放场的具体位置和数量，它们直接影响到建筑垃圾的清运和处理成本。此条与国家有关部门环保政策有关，而对建筑垃圾处理的费用，武汉市采取的是由房地产开发商按新开工房屋每平方米收取渣土处理费18元，其中，12元为渣土处理费，6元为转运费，这笔费用统一由武汉市城管部门收取。显然，废弃混凝土外运的费用是极其昂贵的。

（4）如果政府能从政策和财力上支持和资助再生骨料混凝土的生产和应用，并制订相应的减免税政策，可以提高废弃混凝土再生利用的经济效益。如日本、丹麦、荷兰等国对废弃混凝土的再生利用都出台了相应的优惠政策，新加坡政府提供再生建材建厂基地、再生建材料源堆置基地以及无限期免税额度、工业废料处理补贴、再生厂人事薪资补贴以及绿色产品开发奖励等。

第四节　再生混凝土粗骨料的性能[7]

一、再生粗骨料的表面特征及针片状颗粒含量

再生粗骨料的外形介于碎石与卵石之间，大部分再生粗骨料颗粒表面附着部分废旧砂浆，少部分为废旧砂浆完全脱离的原状颗粒，还有很少一部分为废旧砂浆颗粒。

从表 3-2 可见，再生粗骨料中针片状颗粒含量为 3.7%，天然粗骨料的针片状颗粒含量为 9.1%。骨料中的针片状颗粒不仅本身受力时易折断，而且含量较多时会增大骨料的空隙率，使混凝土拌和物和易性变差，同时降低混凝土强度。因此，单就针片状颗粒含量来说，再生粗骨料优于天然粗骨料。

基 本 性 能　　　　　　　　　　　　　　　表 3-2

	天然粗骨料	再生粗骨料	细骨料
粒径(mm)	5～37.5	5～37.5	<5
表观密度(kg/m³)	2692.1	2615.2	2660.3
松散堆积密度(kg/m³)	1469.3	1285.3	1610.0
松散空隙率(%)	45.4	50.9	39.5
紧密堆积密度(kg/m³)	1586.8	1445.6	—
紧密空隙率(%)	41.1	44.7	—
吸水率(%)	1.02	5.46	—
压碎指标(%)	10.8	17.8	—
针片状颗粒含量(%)	9.1	3.7	—

二、再生粗骨料的颗粒级配和粒径

再生粗骨料的筛分试验结果如表 3-3 所示，从表中可以看出：

再生骨料的筛分试验结果　　　　　　　　　　表 3-3

粒径(mm)	筛余量(kg)	分计筛余(%)	累计筛余(%)
53.0	0.000	0.00	0.00
37.5	0.645	8.06	8.06
31.5	1.082	13.53	21.59
19.0	1.416	17.70	39.29
16.0	2.551	31.89	71.18
9.5	1.405	17.56	88.75
4.75	0.435	5.44	94.19
2.36	0.026	0.33	94.51
筛底	0.439	5.49	100.0

（1）机械生产出来的再生粗骨料的颗粒级配既不满足连续粒级要求，也不满足单粒级的要求。因此，要想获得最佳级配，就必须用标准筛将刚生产出来的骨料进行分级，把各粒径范围的骨料分开，使用时再根据不同需要将骨料混合，使之满足规范要求。

（2）尽管筛分试验前已把粒径小于5mm的颗粒筛除，但经过振筛机进行筛分试验后，仍有5.82%的细颗粒（粒径小于4.75mm）产生，其原因之一是机械破碎法得到的再生骨料内部存在大量的微裂缝，在振筛机的振动下，骨料在微裂缝处出现应力集中，导致骨料颗粒从裂缝处分解；原因之二为附着在再生粗骨料表面的废旧砂浆，当其附着面积较小时，在振筛机的振动过程中，有可能从骨料颗粒中分离出来，形成细粒和粉粒。根据这一特点，在再生粗骨料使用前可采用振动等方法促使含有微裂缝的骨料颗粒分解，减少含有微裂缝的骨料颗粒，这是提高再生混凝土抗压强度的途径之一。

（3）中等粒径颗粒较多。从试验看，粒径为16mm的颗粒最多，占到试样总质量的31.89%，31.5mm、19mm、9.5mm颗粒的含量基本相当。当然，再生粗骨料的粒径与原混凝土（即母材）中的天然骨料粒径有很大的关系。此外，破碎机械的工作方式也会影响骨料的粒径。

三、再生粗骨料的压碎指标值

从表3-2可知，再生粗骨料的压碎指标值高于天然粗骨料，这主要是由于再生粗骨料颗粒表面附着的砂浆在压力的作用下，从骨料表面剥离出来，使得其压碎指标值增大。再生骨料包裹的水泥砂浆越少，压碎指标越接近天然骨料。现行行业标准《普通混凝土用砂、石质量及检验方法标准》（JGJ 52—2006）规定，用于配置C35以下的混凝土压碎指标要求不大于30%，配置C40～C55混凝土压碎指标不宜大于13%。大量资料表明：用低强度的原生混凝土生产的再生骨料配置中、低强度的再生混凝土，用中、高强度的原生混凝土生产的再生骨料生产中、高强度的再生混凝土，再生骨料的压碎指标是满足要求的。

四、再生粗骨料的表观密度、堆积密度、空隙率

从表3-2中我们可以看到，再生粗骨料的表观密度、松散堆积密度、紧密堆积密度、松散空隙率和紧密空隙率均低于天然骨料。出现上述结果，可能是再生骨料表面包裹着相当数量的水泥砂浆，表面粗糙，棱角较多，由于水泥砂浆孔隙率大，再加上混凝土块在解体、破碎过程中由于损伤积累使再生骨料内部存在大量微裂纹，从而导致再生骨料的密度偏小，空隙率偏大。

五、吸水率

骨料的吸水率是反映骨料颗粒密实程度和质量的一个重要指标，吸水率越小，表示骨料颗粒越密实，质量越好。从表3-2的试验结果来看，再生骨料的吸水率比天然骨料高出了4.44个百分点。其主要原因是再生骨料中水泥砂浆含量较高，再加上机械破碎中造成损伤积累使再生骨料内部存在大量微裂纹，使再生骨料孔隙率高，吸水性能较强。

第五节　再生混凝土的主要性能

一、再生混凝土物理性能[5]

由于再生骨料表观密度比天然骨料的低，再生混凝土的表观密度要低于普通混凝土。当然，再生骨料掺量越多，再生混凝土的表观密度就越小。国内外的相关文献都显示了此种规律，如 Topcu 试验测得，当全部采用再生骨料时，再生混凝土的表观密度为 $2235kg/m^3$，相比于同样配合比下的普通混凝土的 $2370kg/m^3$ 低了 5.7%，王建等试验测得再生粗骨料混凝土的表观密度比相应普通混凝土平均低 7.68%。因此再生混凝土自重降低，这对降低建筑自重，增强构件抗震性能，增大构件跨度等方面很有利。

二、再生混凝土工作性能

一般认为在用水量相同的情况下，与基体混凝土相比，再生混凝土的坍落度减小，流动性变差，但黏聚性和保水性增强，主要原因是再生骨料表面粗糙、孔隙多、吸水率大，从而使得再生混凝土流动性差，坍落度变小。同时由于再生骨料表面粗糙，增大了再生混凝土拌合物的摩阻力，使再生混凝土的保水性和黏聚性增强。

三、再生混凝土基本力学性能[8]

1. 棱柱体抗压强度与立方体抗压强度的关系

立方体抗压强度试验按照《普通混凝土力学性能试验方法》（GB/T 50081—2002）进行，试块尺寸为 150mm×150mm×150mm。试验机加载速度为 5kN/s。再生混凝土的立方体抗压强度 f_{cu}(MPa)按下式计算

$$f_{cu}=F/A \tag{3-1}$$

式中　F——试件的破坏荷载，N；

A——试件的承压面积，mm^2。

由于棱柱体的受压状态和实际工程中受压构件的受压状态比较接近，因此棱柱体抗压强度 f_c(MPa)的测试具有重要意义，本文棱柱体抗压强度取混凝土棱柱体试件(150mm×150mm×450mm)应力-应变曲线上的峰值应力。图 3-2 给出了本试验得到的再生混凝土棱柱体抗压强度与立方体抗压强度的关系。

由图 3-2 可以看出，随着再生混凝土立方体抗压强度的提高，棱柱体抗压强度也相应提高；同时发现，再生混凝土棱柱体抗压强度和立方体抗压强度的比值为 0.78～0.89，该值比普通混凝土(0.76)高，这一点与轻骨料混凝土及高强混凝土比较

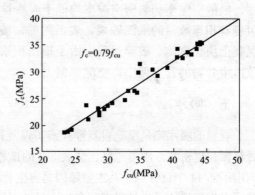

图 3-2　再生混凝土 f_c 与 f_{cu} 的关系

一致。这主要是因为再生混凝土材疏质脆，在轴向荷载的作用下，再生混凝土立方体试件横向约束作用较普通混凝土弱，导致再生混凝土立方体抗压强度与棱柱体抗压强度相比增加不多，表现为再生混凝土的 f_c/f_{cu} 值较普通混凝土大。

通过对试验数据的统计回归，可以得到再生混凝土棱柱体抗压强度和立方体抗压强度的关系为

$$f_c = 0.79 f_{cu} \quad (R=0.92) \tag{3-2}$$

2. 圆柱体抗压强度与立方体抗压强度的关系

在美国、欧洲以及日本等国家和地区，通常采用高 $h=300\mathrm{mm}$，直径 $\phi=150\mathrm{mm}$ 的圆柱体作为抗压强度标准试件。为了与国外的成果进行分析对比，我国学者进行了上述尺寸的圆柱体标准试件抗压强度 f_{cy}(MPa)试验，试验参照立方体抗压强度试验完成。图 3-3 给出了再生混凝土圆柱体抗压强度与立方体抗压强度试验结果，通过对试验数据的统计回归，得到两者之间的关系式为

$$f_{cy} = 0.82 f_{cu} \quad (R=0.88) \tag{3-3}$$

相对于普通混凝土的 $f_{cy}/f_{cu}=0.80$ 而言，图 3-3 中的该比值稍高，也表明再生混凝土较普通混凝土脆。

3. 应力-应变曲线

图 3-4 给出了试验测得的 2 条再生混凝土应力-应变全曲线。

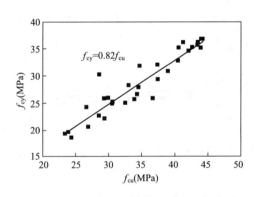

图 3-3　再生混凝土圆柱体 f_c 与 f_{cu} 的关系

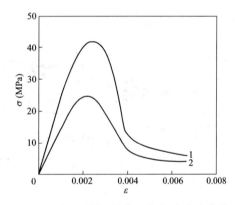

图 3-4　再生混凝土的典型应力-应变全曲线

由图 3-4 可以发现再生混凝土的应力-应变全曲线具有如下重要特征：

（1）不同强度等级的再生混凝土应力-应变全曲线的形状较为类似，均由上升段和下降段组成，且都有比例极限点、临界应力点、峰值点、反弯点和收敛点。

（2）当应力低于峰值应力的 40%～70% 时，应力与应变近似成比例增长，上升段接近直线；随着应力的增加，再生混凝土的塑性变形加快发展，曲线的斜率变小，至峰值应力时曲线成水平，但没有水平段。随后曲线迅速下跌，下降段较陡。应力达峰值应力的 20%～25% 时，曲线转折，几乎成水平。

（3）随着再生混凝土抗压强度增加，峰值应变略有增加，但是下降段变陡。

4. 峰值应变

与峰值应力相对应的应变为再生混凝土的峰值应变，图 3-5 给出了试验得到的不

同抗压强度再生混凝土的峰值应变试验结果。由图 3-5 可以发现，再生混凝土的峰值应变随着混凝土抗压强度的增加而增加。在现行混凝土结构设计规程中采用下式确定混凝土的峰值应变 ε_0：

$$\varepsilon_0 = (700 + 172\sqrt{f_c}) \times 10^{-6} \tag{3-4}$$

由图 3-5 可以发现，若采用式(3-4)则会过低估计再生混凝土的峰值应变值。

事实上，由于再生骨料弹性模量较低，其本身变形较大，导致再生混凝土峰值应变较普通混凝土有所增加。Xiao，Rühl 等的研究结果表明，再生混凝土的峰值应变较普通混凝土增加 20% 左右。

对试验数据进行统计分析后可以得出再生混凝土的峰值应变计算公式为：

$$\varepsilon_0 = (780 + 271\sqrt{f_c}) \times 10^{-6} \quad (R = 0.91) \tag{3-5}$$

5. 极限应变

取再生混凝土应力-应变关系全曲线下降段中的应力值等于峰值应力的 85% 所对应的应变为极限应变 ε_u，图 3-6 给出了不同抗压强度的再生混凝土极限应变的试验结果。由图 3-6 可见，再生混凝土的极限应变随着抗压强度的增加变化不大，大致在 0.0033 左右，与普通混凝土差别不大。综合上述关于再生混凝土峰值应变的试验结果，可以得出如下结论：再生混凝土的极限应变与峰值应变比值较普通混凝土低。这也再次表明，再生混凝土较普通混凝土脆。

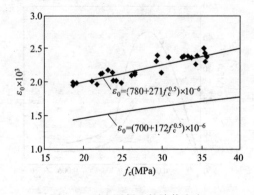

图 3-5　再生混凝土的峰值应变

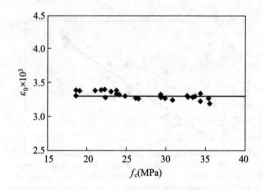

图 3-6　再生混凝土的极限应变

6. 弹性模量

混凝土的弹性模量是反映其变形性能的主要指标，它是混凝土结构构件内力分析及变形、抗裂分析的重要依据之一，其大小与骨料和水泥石的弹性模量以及混凝土的强度有关。由于混凝土的应力-应变曲线是非线性的，其弹性模量有不同的定义方法，本文取应力-应变全曲线上的原点及 $0.4f_c$ 点的割线模量作为再生混凝土的弹性模量，即按式(3-6)计算混凝土弹性模量 E_c (MPa)：

$$E_c = \sigma_c / \varepsilon_c \tag{3-6}$$

式中　　σ_c——峰值应力的 40%；

ε_c——与 σ_c 相对应的应变值。试验中得到的不同抗压强度再生混凝土弹性模量试验结果如图 3-7 所示。

由图 3-7 可以看出，随着再生混凝土抗压强度的增加，其弹性模量也逐渐增加。现行混凝土结构设计规程中采用下式计算混凝土的弹性模量：

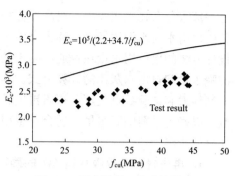

$$E_c = \frac{10^5}{2.2 + \dfrac{34.7}{f_{cu}}} \qquad (3\text{-}7)$$

式中　E_c——混凝土的弹性模量，N/mm^2；

　　　f_{cu}——混凝土的立方体抗压强度，N/mm^2。

图 3-7　再生混凝土的弹性模量

图 3-7 中还给出了按照式(3-7)得到的混凝土弹性模量计算结果与试验结果对比，由结果可以看出，式(3-7)过高估计了再生混凝土的弹性模量值约 20％ 左右，表明再生混凝土弹性模量较相同抗压强度的普通混凝土低，这主要是由于再生骨料的弹性模量较低的缘故。

对图 3-7 中各试验数据进行回归分析，建议按下式计算再生混凝土的弹性模量：

$$E_c = \frac{10^5}{2.2 + \dfrac{49.6}{f_{cu}}} \qquad (R = 0.91) \qquad (3\text{-}8)$$

式中　E_c——混凝土的弹性模量，N/mm^2；

　　　f_{cu}——混凝土的立方体抗压强度，N/mm^2。

7. 泊松比

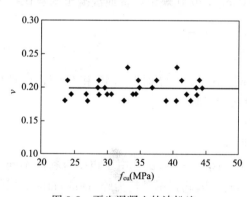

图 3-8　再生混凝土的泊松比

混凝土的泊松比是混凝土结构分析和设计中的一个重要参数，即

$$v = \varepsilon_{lat} / \varepsilon_{ax} \qquad (3\text{-}9)$$

式中　v——混凝土泊松比；

　　　ε_{lat}、ε_{ax}——分别为混凝土沿水平方向和轴向的变形。试验得到的再生混凝土泊松比见图 3-8。

由图 3-8 可见，再生混凝土的泊松比为 $0.18 \sim 0.23$，其平均值为 0.20，表明再生混凝土的泊松比与普通混凝土差别不大。

四、再生混凝土的配合比设计[9]

再生骨料与天然骨料相比，再生骨料具有孔隙率较高，密度较小，吸水性增强和骨料强度较低等特点。以普通混凝土配合比设计方法设计配制的再生混凝土的工作性（和易性，主要指流动性）达不到施工要求；若加入的用水量过多，则使再生混凝土的强度降低，干缩性增大，不利于结构承重。为了解决再生骨料吸水率较大而引起再生混凝土强度波动的问题，文献［10］提出将拌合用水分为两部分，一部分为骨料所吸附的水分，这一部分完全为骨料吸收，在拌合用水中不起润湿和提高流动性的作用；

另一部水分布在水泥浆中，提高拌合物的流动性和参与水泥的水化反应，称为自由水，其中自由水与水泥用量之比称为自由水灰比。这种基于自由水灰比再生混凝土配合比设计方法的单位用水量在普通混凝土的基础上应该增加，但文献［10］没有给出具体的吸水量和自由水灰比的计算公式。本节以普通混凝土配合比设计方法为基础，通过文献检索和试验数据处理，探索再生骨料吸附水量的计算及再生粗骨料对应的回归系数，以确定骨料的吸水量、适合再生粗骨料＋天然砂混凝土的自由水灰比及初步配合比设计步骤。

1. 再生骨料有效吸水量 ΔW 的确定

再生骨料的吸水量 W_{RA} 可表示为：

$$W_{RA} = S_{RA} \cdot m_{RA} = \left[5.88609 - \frac{1.40736}{1 + \left(\dfrac{t}{1.7726} \right)^{0.40736}} \right] \cdot m_{RA} \qquad (3\text{-}10)$$

再生骨料有效吸水量 ΔW 的计算：

再生骨料吸水量是以骨料烘干状态质量为参考的，而再生骨料本身含有一部分水，在实际工程中不可能把再生骨料都去烘干再去配制混凝土，因此应多加入的水量为再生骨料吸水量减去其天然含水量，数学式表示即为：

$$\Delta W = m_{RA}(S_{RA} - w_{RA}) \qquad (3\text{-}11)$$

式中　m_{RA}，S_{RA}——分别为再生骨料质量和吸水率；

　　　w_{RA}——再生骨料天然（或气干状态）含水率。

2. 回归系数 α_a，α_b

根据《普通混凝土配合比设计规程》JGJ 55—2000 规定，普通混凝土水灰比按下式计算：

$$W/C = \frac{\alpha_a f_{ce}}{f_{cu,0} + \alpha_a \alpha_b f_{ce}} \qquad (3\text{-}12)$$

式中　α_a，α_b——回归系数，粗骨料为碎石时，α_a 和 α_b 分别为 0.46 和 0.07；粗骨料为卵石时，α_a 和 α_b 分别为 0.48 和 0.33；

　　　f_{ce}——水泥 28d 抗压强度实测值；

　　　$f_{cu,0}$——普通混凝土配合比的配置强度。

规程只给出了粗骨料为碎石和卵石时的回归系数 α_a 和 α_b，由于再生骨料既不同于碎石也不同于卵石，回归系数 α_a 和 α_b 值也不同。因此，用骨料为碎石或卵石时的回归系数通过公式(3-12)确定的水灰比配制混凝土，其强度会存在较大的差异，主要表现在公式(3-13)中，

$$f_{cu} = a_a \times f_{ce} \left(\frac{C}{W} + a_b \right) \qquad (3\text{-}13)$$

令 $y = f_{cu,0}/f_{ce}$；$x = C/W$，则式(3-13)变为：

$$y = \alpha_a x + \alpha_a \cdot \alpha_b \qquad (3\text{-}14)$$

回归系数随所用骨料的品种及质量不同而异，应结合工程实际用材料试验求出。选用 100% 的再生骨料配制了 10 组不同灰水比的混凝土，来研究确定对应饱和面干状态再生骨料的回归系数 α_a 和 α_b。

3. 不同水灰比再生粗骨料加天然砂混凝土试验

该试验的水泥采用浙江兆山建材集团生产的天峰牌 32.5 级普通硅酸盐水泥，28d 抗压强度实测值为 $f_{ce}=37.2MPa$，再生骨料采用等级约为 C30 的混凝土试块（原始混凝土的粗骨料为块石）经人工破碎筛分而成，含水率 $w_{RA}=2.9\%$，按照不同的配合比计算出粗骨料量，再根据公式（3-11）计算出有效吸水量 ΔW，对再生骨料进行预先吸水，使骨料达到饱和面干状态，将材料进行拌合后，分两层采用人工振捣方式装入 150mm×150mm×150mm 模内，在 20±5℃ 的环境中静置一昼夜，拆模后放在 20±2℃ 不流动的 $Ca(OH)_2$ 的饱和溶液水中养护。

按《普通混凝土力学性能试验方法标准》GB/T 50081—2002 进行材料实验，测出 28d 的再生混凝土配制强度 $f_{cu,28}$ 的值。所得数据利用 Excel 软件建立线性回归方程，所得曲线如图 3-9。

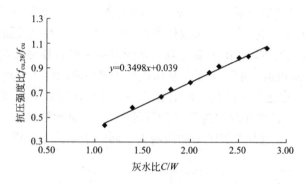

图 3-9　试验数据回归曲线

拟合曲线相关系数为 0.997，表明再生骨料混凝土的抗压强度与水灰比呈良好的线性关系。将线性回归方程 $y=0.3498x+0.039$ 和式（3-14）比较，可求得：

$$\alpha_a=0.35；\quad \alpha_b=0.11$$

4. 基于自由水灰比再生混凝土初步配合比设计步骤

在做再生混凝土配合比设计（指初步配合比设计）时，可按以下步骤进行：

a. 根据实际工程要求确定混凝土骨料的最大粒径和坍落度；

b. 由本文的公式（3-10）和公式（3-11）计算出应额外增加的用水量 ΔW（即有效吸水量）；

c. 求再生混凝土的配制强度 $f_{cu,0}$，仍沿用标准 JGJ 55—2000 中的普通混凝土配合比设计的计算公式：

$$f_{cu,0}=f_{cu,k}+1.645\sigma \tag{3-15}$$

式中　$f_{cu,0}$——再生混凝土配制强度，MPa；

　　　$f_{cu,k}$——再生混凝土立方体抗压强度标准值，MPa；

　　　σ——再生混凝土强度标准差，MPa。

由于暂没有再生混凝土强度统计资料，故仍用普通混凝土强度标准差 σ，见表 3-4。

标准差 σ(MPa)	表 3-4
混凝土强度等级	标准差 σ
低于 C20	4.0
C20~C35	5.0
高于 C35	6.0

d. 求出相应的自由水灰比 W/C。

再生混凝土自由水灰比采用与普通混凝土相同的计算公式(3-12)确定,再生混凝土回归系数与骨料种类及水泥等级有关,可采用前面试验方法结合工程实际用材料试验,利用 Excel 线性回归求出。

五、再生混凝土的耐久性及其改进措施[11]

1. 再生混凝土的碳化

空气中的 CO_2 通过混凝土中的毛细孔隙,由表及里地向内部扩散,在有水分存在的条件下,与水泥石中的 $Ca(OH)_2$ 反应生成 $CaCO_3$,使混凝土中 $Ca(OH)_2$ 浓度下降,并且使其成分、组织和性能发生变化,称之为混凝土的碳化(或中性化)。碳化与混凝土结构的耐久性密切相关,是衡量钢筋混凝土结构构件耐久性的重要指标。SalomonM. Levy 和 PauloHelene 对再生混凝土的碳化性能进行了试验研究。再生混凝土试件中再生骨料取代率分别为:0,20％,50％和100％,配制与普通混凝土相同抗压强度的再生混凝土。试验结果表明取代率为 20％和 50％的再生混凝土碳化深度相对减小。作者认为出现此结果是由于要配制与普通混凝土同抗压强度的再生混凝土所需要的水泥量大于普通混凝土的需求量,从而提供了更高的碱性环境阻止了碳化的发展。NobuakiOtsuki 等人也进行了试验。再生混凝土试件和普通混凝土试件置于 CO_2 浓度为 10％,温度为 40℃,相对湿度为 70％的环境中 28d。试验结果如图 3-10 所示,可看出再生混凝土碳化深度随着水灰比增加而增大,同一水灰比下,再生混凝土的碳化深度略大于普通混凝土。

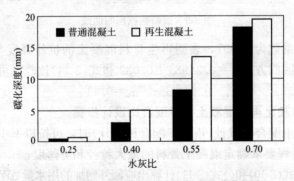

图 3-10　普通混凝土和再生混凝土的碳化深度

崔正龙和杨力辉等人的试验以 100％再生骨料替代天然碎石和砂子制备再生混凝土试件,在 CO_2 浓度为(5 ± 0.2)％的试验箱里促进中性化 26 周。文中绘制了中性化深度-龄期曲线如图 3-11。从图中可看出 100％全再生混凝土与普通混凝土试件相比,抵抗中性化能力差,中性化几乎以 3 倍的速度增长。综合以上研究成果,采用同水灰比配制

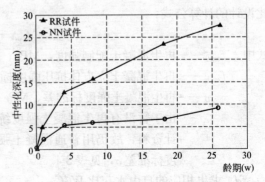

图 3-11　中性化深度-龄期关系曲线

的再生混凝土，其抗碳化性能略差于普通混凝土；而同抗压强度的再生混凝土，骨料取代率小于100%情况下则好于普通混凝土。

2. 再生混凝土的抗冻融性

混凝土的抗冻性，是指混凝土在水饱和状态下能经受多次冻融作用而不破坏，同时也不严重降低强度的性能。混凝土的抗冻性通过测定强度损失率或重量损失率、抗冻融指数（相对动弹性模量变化）等抗冻指标来反映。这种性能对地处寒冷地区的混凝土建筑尤其重要。

A. Gokce 等人进行了再生混凝土的冻融试验。试验中采用的再生骨料是试验前水灰比为0.45的条件下配制的混凝土，并在室外环境下放置一年。再生骨料分为无引气剂和添加引气剂两种。所配制再生混凝土试件添加引气剂。试验在再生混凝土养护28d后进行，试件尺寸为：100mm×100mm×400mm。试验结果如图3-12。可以看出利用无引气剂再生骨料配制的再生混凝土抗冻融性比较差。而利用添加引气剂再生骨料配制的再生混凝土表现出非常好的抗冻融性。

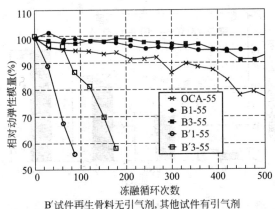

B′试件再生骨料无引气剂,其他试件有引气剂

图 3-12　各试件相对动弹性模量变化曲线

Roumiana Zaharieva 等人就抗冻融性方面与普通混凝土进行了比较试验，结果表明再生混凝土的抗冻性能相对较差。张雷顺等人进行了类似试验。试件为100mm×100mm×400mm的棱柱体，试验过程中试件处于全浸水状态，温度控制在(−17±2)～(8±2)℃。试验选用普通法、预湿水法和增浆法三套配合比设计方案，通过冻融前后质量、动弹性模量和强度的对比研究，并与天然骨料混凝土作对比。结果发现，加入引气剂后再生混凝土能达到甚至超过天然混凝土的抗冻性能，其中增浆法配制的再生混凝土的抗冻融性能最好，降低水灰比会提高抗冻性能。崔正龙等人，覃银辉等人的试验结果证明未添加任何外加剂的再生混凝土的受冻性能不及普通混凝土。综合以上研究成果，未添加外加剂的再生混凝土的抗冻融性能差于普通混凝土，原因是再生混凝土的孔隙率高，吸水率大且含有大量微裂缝。

3. 再生混凝土的抗渗性及氯离子渗透性

混凝土的抗渗性是指其抵抗压力水渗透作用的能力。抗渗性是混凝土的一项重要性质，除关系到混凝土的挡水及防水作用外，还直接影响混凝土的抗冻性及抗侵蚀性等。氯化物对钢筋混凝土结构来说是一种最危险的侵蚀介质，如果钢筋表面的孔溶液中氯离子浓度超过某一定值时，钢筋表面的钝化膜将遭到破坏而使钢筋局部酸化，加快其锈蚀率。

F. T. Olorunsogo 和 N. Padayachee 对再生混凝土的渗透性及氯离子的渗透性进行了试验研究。试件骨料取代率为：0，50%和100%，水灰比为0.5。在养护3d，7d，28d和56d进行渗透性指标测试。结果表明再生混凝土的耐久性随着再生骨料取代率的增大而降低，但是随着养护时间增加，其性能也逐渐改善。在56d的龄期时，100%再生骨料浇筑的再生混凝土与普通混凝土相比，氯离子渗透指标和吸水性分别增加86.5%和28.8%，而氧渗透指标(OPI)下降10%。对于50%再生骨料浇筑的再生混凝土，56d龄期时的氯离子渗透指标和吸水性比3d龄期时分别下降62.7%和42.7%，而氧渗透指标(OPI)增加37.6%。可以看出再生混凝土的抗氯离子渗透性比普通混凝土差。

NobuakiOtsuki 等人研究了不同水灰比的再生混凝土与普通混凝土的氯离子渗透性，见图3-13。

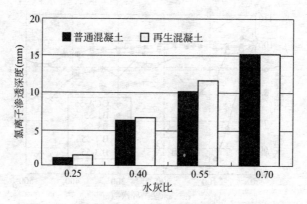

图3-13　普通混凝土和再生混凝土氯离子渗透深度

结果显示同一水灰比下再生混凝土的氯离子渗透深度较普通混凝土略大，并且氯离子渗透深度随着水灰比增加而增大。吴红利和宋少民的试验结果得出了同样结论。并且发现在较高水灰比条件下，随着再生骨料掺量的增加，氯离子扩散系数也随之增加，但在水灰比较低的情况下，再生骨料掺量的影响变得不大。孙浩等人的试验也得出再生混凝土的抗渗性较普通混凝土差的结论。从以上试验结果可以看出，再生混凝土的抗渗性较普通混凝土差，其主要原因是由于再生骨料本身含有很多裂缝并且部分包裹水泥浆，孔隙率较高，吸水率较大。

4. 再生混凝土的抗硫酸盐侵蚀性

硫酸盐与混凝土中的水化硅酸钙如 C_3AH，$Ca(OH)_2$ 和 C-S-H 凝胶发生化学反应，生成石膏和硫铝酸钙，产生体积膨胀，导致表层开裂。裂缝又助长了含有硫酸盐和其他离子的侵蚀水的渗透，进一步加速了混凝土的破坏，并且影响到水泥水化物的粘结性能，最终使混凝土瓦解。

MandalS 等人对再生混凝土进行了抗硫酸盐侵蚀性研究。溶液包括两种，一为浓度7.5%的 Na_2SO_4 和 $MgSO_4$ 溶液；另一为 pH=2 的 H_2SO_4 溶液。结果表明，再生混凝土的抗硫酸盐侵蚀性略低于同水灰比的普通混凝土，这是由于再生混凝土的孔隙率高，抗渗性差的缘故。

5. 再生混凝土的抗磨性

受磨损、磨耗作用的表层混凝土要求有较高的抗磨性。混凝土的抗磨性不仅与混凝土强度有关，而且与原材料的特性及配合比有关。

Dhir 等人在这方面进行了试验研究。采用水灰比相同而再生骨料取代率不同的混凝土。结果表明，再生骨料取代率低于 50％时，再生混凝土的磨损深度与普通混凝土差别不大。当取代率超过 50％时，再生混凝土的磨损深度随着再生骨料取代率的增加而增加。当再生骨料取代率为 100％时，再生混凝土的磨损深度较普通混凝土增加 34％。孙清如和尹健对掺复合超细粉煤灰再生混凝土进行了试验研究，结果表明此种再生混凝土具有良好的耐磨性能。

6. 再生混凝土的抗火性能

混凝土建筑物一旦发生火灾，其结构材料的强度和变形性能就会严重恶化，还将发生剧烈的内（应）力重分布，严重削弱结构的性能，危害结构的安全性。

肖建庄和黄运标对再生混凝土的高温性能进行了研究。完成了不同再生粗骨料取代率（0，30％，50％，70％，100％）的再生混凝土立方体试块在 20～800℃下的高温试验。当再生粗骨料取代率为 30％时，再生混凝土高温后的相对残余抗压强度比普通混凝土低；当再生粗骨料取代率为 50％以上时，再生混凝土高温后的相对残余抗压强度整体上比普通混凝土高，且随再生粗骨料取代率的增大而提高。最后给出再生混凝土高温后残余抗压强度的估算公式：

RC-30 的回归方程

$$
\begin{cases}
f_c^t/f_c^{20}=1.018-0.088(t/100) & (R=0.95) & t \leqslant 300℃ \\
f_c^t/f_c^{20}=0.930-0.059(t/100) & (R=0.92) & 300℃ \leqslant t \leqslant 800℃ \\
f_c^t/f_c^{20}=1.620-0.174(t/100) & (R=0.99) & 600℃ \leqslant t \leqslant 800℃
\end{cases}
$$

RC-30～RC-100 的回归方程

$$
\begin{cases}
f_c^t/f_c^{20}=1.105-0.075(t/100) & (R=0.98) & t \leqslant 300℃ \\
f_c^t/f_c^{20}=0.489+0.096(t/100) & (R=0.94) & 300℃ \leqslant t \leqslant 500℃ \\
f_c^t/f_c^{20}=2.086-0.224(t/100) & (R=0.97) & 500℃ \leqslant t \leqslant 800℃
\end{cases}
$$

7. 提高再生混凝土耐久性的措施

（1）合理选择再生骨料的粒径并强化再生骨料

吴红利和宋少民的研究表明减小再生骨料的最大粒径，可以提高再生混凝土的抗渗、抗碳化等耐久性指标，同时有助于减少再生混凝土的收缩。再生骨料的最大粒径建议使用 16mm。张宏达总结了再生骨料强化方法：化学方法、物理方法和化学与物理结合方法。

（2）采用二次搅拌的方法

NobuakiOtsuki 等人通过试验研究得出采用二次搅拌的方法可以提高再生混凝土

的强度、改善再生混凝土的抗氯离子渗透性和抗碳化性。根据试验结果表明采用二次搅拌法配制的再生混凝土氯离子渗透深度和碳化深度分别下降 22.7% 和 12.3%。

（3）选择合适的水灰比

NobuakiOtsuki 等人研究发现减小水灰比可以改善再生混凝土的抗氯离子侵蚀性和抗碳化性。吴红利等人的研究表明通过降低水灰比有助于提高混凝土的耐久性，在低水灰比下的再生混凝土其部分耐久性强于同条件下的普通混凝土，建议再生混凝土的配合比设计时水灰比采用不高于 0.36。

（4）采用半饱和面干状态的再生骨料

OliveiraM·B 等人研究了再生骨料的含水状态对再生混凝土耐久性能的影响，试验采用的再生骨料的含水状态分别为完全干燥、饱和面干和半饱和面干。结果表明，采用半饱和面干状态的再生骨料后，再生混凝土的抗冻融性显著提高。

（5）掺加粉煤灰或矿渣等活性掺和料

孙家瑛等人对掺入矿渣、粉煤灰等活性掺合料的再生混凝土进行试验研究，结果表明再生混凝土的耐久性能得到明显改善。吴红利和宋少民的试验结果表明加入粉煤灰的再生混凝土的抗硫酸盐侵蚀性有很大的提高。

（6）添加外加剂

A. Gokce 等人试验研究表明添加引气剂可以明显改善再生混凝土的抗冻融性。

六、再生混凝土的抗压强度[12]

再生混凝土的立方体抗压强度按(3-16)式计算。

$$f_{cu} = F/A \tag{3-16}$$

式中　f_{cu}——再生混凝土试件的立方体抗压强度(MPa)；

　　　F——试件的破坏荷载(N)；

　　　A——试件的承压面积(mm^2)。

（1）再生混凝土立方体试件的受压破坏过程和破坏模式与普通混凝土基本一致。从破坏形态来看，再生混凝土的破坏基本上始自天然或再生粗骨料和水泥凝胶体面的粘结破坏。

（2）再生粗骨料的含量对再生混凝土各龄期抗压强度影响很大。总体上讲，随着再生粗骨料的增加，混凝土的抗压强度降低。

（3）再生混凝土的抗压强度随龄期的发展规律与普通混凝土较为类似。但是，再生混凝土各龄期系数均低于普通混凝土，表明再生混凝土强度发展较慢。

（4）普通混凝土 28d 抗压强度方程不适用于再生混凝土。为了完善再生混凝土的配合比设计方法，关于这方面的研究有待于进一步展开。

七、再生混凝土无腹筋梁抗剪性能试验研究[13]

根据试验结果，再生混凝土无腹筋梁的破坏形态与普通混凝土无腹筋梁相似，故可参照普通混凝土无腹筋梁破坏时的受力状态来分析再生混凝土无腹筋梁的抗剪机理。根据极限平衡理论，再生混凝土无腹筋梁斜截面所承担的剪力由剪压区混凝土所承担

的剪力 V_c、裂缝间的骨料咬合力的垂直方向的分力 V_a 和纵筋的销栓力 V_d 组成。即再生混凝土无腹筋梁的抗剪承载力 V_u 为：$V_u = V_c + V_a + V_d$。文献 [14] 的研究表明，由于再生粗骨料的空隙率较大，其在破碎过程中不可避免地要产生微裂缝，其在临界斜裂缝处容易被拉断，再生混凝土梁的骨料咬合力要比普通混凝土梁小。图 3-14 给出了再生混凝土梁与普通混凝土梁相对受剪承载力的对比曲线，由图可知，除剪跨比为 1.5 时再生混凝土梁与普通混凝土梁抗剪承载力有较大差别外，其他均相差不大。图 3-14(b) 给出了再生混凝土梁随再生骨料取代率变化时抗剪承载力的变化曲线，可以看出，随着再生骨料取代率的增加，抗剪承载力近似于线性减小。

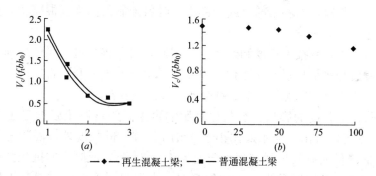

图 3-14 再生混凝土梁与普通混凝土梁抗剪承载力对比
(a)剪跨比；(b)再生骨料取代率(%)

由图 3-14(a) 可以看出，梁的抗剪承载力随剪跨比的增大而降低，并且抗剪承载力与剪跨比近似于抛物线曲线，故假定无腹筋梁的抗剪承载力公式为：

$$V_c = a(\lambda^2 + \lambda b + c) f_t b h_0 \tag{3-17}$$

（1）对普通混凝土无腹筋梁抗剪承载力试验结果的回归分析，用实测数据对式（3-17）进行线性化回归拟合得：$a = 0.45$，$b = -6$，$c = 10$。即得普通混凝土无腹筋梁的抗剪承载力的回归公式为：

$$V_c = 0.45(\lambda^2 - 6\lambda + 10) f_t b h_0 \tag{3-18}$$

式中，$1.0 \leqslant \lambda \leqslant 3.0$，当 $\lambda < 1.0$ 时，取 $\lambda = 1.0$；当 $\lambda > 3.0$ 时，取 $\lambda = 3.0$。实测值与计算值的比值的平均值为 0.991，变异系数为 0.142。

（2）对再生混凝土无腹筋梁抗剪承载力试验结果的回归分析由图 3-14(b) 看出，再生混凝土无腹筋梁的抗剪承载力随着再生骨料取代率的增加近似于线性减小，故假定再生混凝土无腹筋梁的抗剪承载力公式为：

$$\frac{V_c^r}{f_t b h_0} = (1 - \alpha r) \frac{V_c}{f_t b h_0} \tag{3-19}$$

式中　　r——再生粗骨料取代率，%；

$\quad\quad\alpha$——再生混凝土梁抗剪极限承载力降低系数；

$\quad\quad V_c^r$——再生混凝土梁抗剪承载力；

$\quad\quad V_c$——普通混凝土梁抗剪承载力。

用本次试验 8 根再生混凝土梁的实测值对式(3-19)进行回归计算，偏于安全取 $\alpha=0.1$。再由式(3-18)得出再生混凝土梁抗剪承载力的计算公式为：

$$V_c^r = 0.45(1-0.1r)(\lambda^2-6\lambda+10)f_t bh_0 \tag{3-20}$$

式中，$1.0 \leqslant \lambda \leqslant 3.0$，当 $\lambda < 1.0$ 时，取 $\lambda=1.0$；当 $\lambda > 3.0$ 时，取 $\lambda=3.0$。实测值与计算值的比值的平均值为 1.011，变异系数为 0.190。

八、再生骨料高强混凝土抗压强度[15]

(1) 将废弃混凝土块经破碎、分级并按一定的比例混合后形成的骨料称为再生骨料或再生混凝土骨料，而利用部分或全部再生骨料配制的高强度混凝土，称为再生骨料高强混凝土。

再生混凝土由于受技术难度和经济性的限制，目前很少进行系统的研究。鉴于未来混凝土的发展趋势是高强高性能化，因此，再生混凝土一开始就应该走高强高性能化路线，才能实现巨大的经济效益、社会效益和环境效益。

(2) 水灰比对强度的影响。水灰比是影响再生高强混凝土强度最主要的因素之一。从图 3-15 可以看出，当水灰比小于 0.31 时，除 3d 强度外，混凝土的强度基本不随水灰比的降低而有效增加；当水灰比大于 0.31 时，混凝土的抗压强度是随水灰比的增大而减小。其原因是当水灰比较高时，水泥浆强度较低，混凝土破坏始自水泥浆的开裂；而水灰比较低时，水泥浆的强度相对较高，强度趋向于由再生骨料强度决定，从而使得再生混凝土抗压强度无法随水泥浆强度的提高而提高。这说明，不是水灰比越小，就可以获得越高的强度，必须考虑再生粗骨料强度然后根据试配结果进行确定。

(3) 高效减水剂(FDN)对强度的影响。高效减水剂的使用不仅能降低水灰比，而且使拌合料中的水泥更分散，使硬化后的空隙率及孔隙分布情况得到进一步改善。从图 3-16 可以看出，高效减水剂随掺量的增加，3d、7d 强度增加并不明显，以后逐渐增加，龄期达到 28d，高效减水剂掺量在 0～0.8% 之间时，混凝土抗压强度都较为明显，但若再继续增大掺量，强度非但不增加，反而下降，因而高效减水剂存在着一个最佳掺量问题。结合高效减水剂对新拌混凝土工作性的作用掺量，确定试验最佳高效减水剂的掺量应为 0.8%。

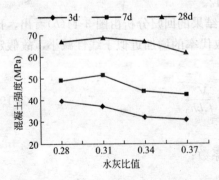

图 3-15　水灰比和混凝土抗压强度关系图

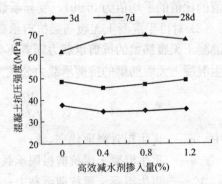

图 3-16　高效减水剂与混凝土抗压强度关系图

（4）粉煤灰对强度的影响。由图 3-17 可知，粉煤灰掺量对再生混凝土的早期强度影响较大，掺量越大，早期强度下降的幅度越大；随着时间的增长，粉煤灰掺量对混凝土后期强度影响逐渐减小，在掺量小于 20％时，后期强度下降较小。当粉煤灰掺量大于 30％时，混凝土早期与后期强度下降都比较多。由此可见，最佳粉煤灰掺量，应控制在 15％～30％。

（5）硅灰对强度的影响。由图 3-18 可知，随着硅灰掺量的增加，再生混凝土 3d 强度变化不明显，7d 强度变化逐渐增大，28d 时，硅灰随着 0％～10％掺入量的增多，混凝土强度增大非常明显。硅灰能减少混凝土内部的孔隙率和孔隙尺寸，改善骨料界面上的水泥浆体结构。另外，由于硅灰的火山灰效应和微粒充填效应，浆体与骨料粘结性好，水化产物 C-S-H 稳定，所以硅灰混凝土的强度均高于没有硅灰的混凝土。但由于硅灰价格昂贵，实际施工中，掺量一般在 10％以下。

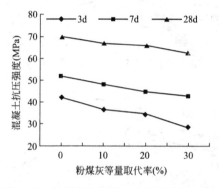

图 3-17　粉煤灰与混凝土抗压强度关系图

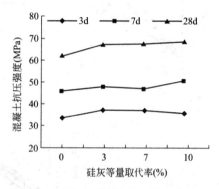

图 3-18　硅灰与混凝土抗压强度关系图

（6）再生粗骨料对强度的影响。由图 3-19 可知，随着再生粗骨料取代天然破碎卵石的不断增加，再生混凝土的早期强度和后期强度都有一定的减少。3d 强度减小率最大，28d 强度减小率最小。当再生粗骨料取代量低于 30％以下时，在整个龄期内，混凝土强度降低非常小，但通过掺入高效减水剂和外掺活性材料，再生粗骨料取代率为 100％时，仍然可以配制出 28d 平均强度为 59.6MPa 的混凝土。由于再生粗骨料中砂浆强度低，加上在解体破碎的过程中，部分石子沿纹理开裂，引起再生粗骨料强度降低。这可能就是再生混凝土平均强度低于普通混凝土，但仍可配制出 28d 强度最低为 52.2MPa 的再生混凝土的一个重要原因。

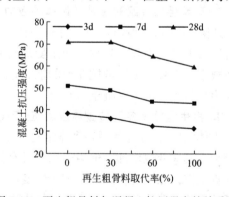

图 3-19　再生粗骨料与混凝土抗压强度的关系图

九、再生骨料混凝土多孔砖砌体受压变形性能[16]

1. 骨料类别对多孔砖砌体的应力-应变关系的影响

从图 3-20 可以看出，在加载初始阶段，砌体开裂前，应力-应变关系呈线性变化，砌体处于弹性阶段，骨料类别对多孔砖砌体的应力-应变几乎没有影响；继续加载至应力峰值阶段，砌体出现裂缝并不断发展延伸，砌体的应力-应变呈非线性。此时骨料类别对多孔砖砌体的应力-应变关系有一定的影响。砂浆强度为 M10 时，相同应力条件下，Ⅲ号砖砌体的应变小于Ⅳ号砖砌体的应变；当砂浆强度为 M7.5 时，相同应力条件下，Ⅱ号砖砌体的应变最小，Ⅰ号砖砌体的应变最大；由此可知，骨料中碎混凝土的比例越高，砌体受压时变形越小，具有较好的抵抗变形的能力。

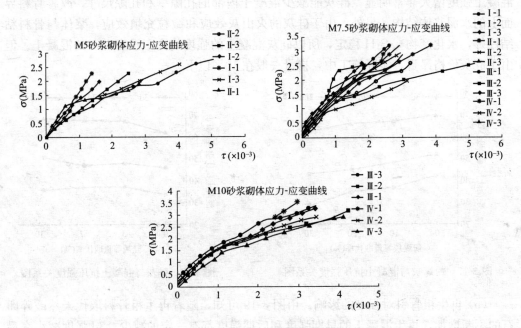

图 3-20 不同砂浆砌筑砌体受压应力-应变曲线

2. 砂浆强度等级对多孔砖砌体的应力-应变关系的影响

从图 3-21 可以看出，对于骨料中掺有碎混凝土的多孔砖（Ⅱ、Ⅲ、Ⅳ号砖）砌体，随着砂浆强度的提高，其轴心受压变形与砂浆强度密切相关，其变形随砂浆强度的提高而减小；Ⅰ号砖砌体抵抗变形的能力最差，通过以上试验数据，不建议完全采用碎砖作为骨料生产再生混凝土多孔砖。

3. 再生混凝土多孔砖砌体应力-应变曲线的拟合

砌体的应力-应变关系是砌体结构中的一项基本力学性能。砌体受压时，随着应力的增加，其应变也增加，但由于砌体具有弹塑性性质，该应力和应变之间的关系不符合虎克定律。在压力作用下，砌体应变增加的速度较应力增加的速度快，应力与应变之间的变化呈曲线关系。国内外已经提出十余种砌体受压应力-应变曲线表达式。归纳起来，主要类型有：直线型、对数型、多项式型和根式型等。我国的专家教授在上式的基础上，根据试验资料统计分析结构，提出了以砌体抗压强度的平均值 f_m 为基本变量的砖砌体应力-应变关系式：

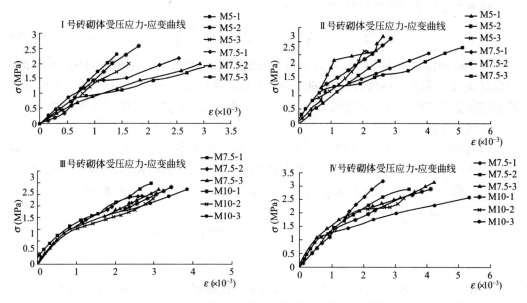

图 3-21 不同骨料多孔砖砌体受压应力-应变曲线

$$\varepsilon = -\frac{1}{\xi\sqrt{f_m}}\ln\left(1-\frac{\sigma}{f_m}\right) \qquad (3-21)$$

采用式(3-21)作为再生混凝土多孔砖砌体受压应力-应变关系的表达式。按最小二乘法对试验数据进行回归分析,对试验测得的混凝土多孔砖砌体应力-应变全曲线进行拟合,见图 3-22。并考虑到试验的具体情况。

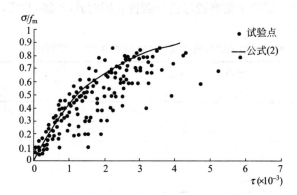

图 3-22 再生混凝土多孔砖砌体受压应力-应变曲线

这里取 $\xi=300$,此时的 f_m 以 MPa 计,代入式(3-21)即得:

$$\varepsilon = -\frac{1}{300\sqrt{f_m}}\ln\left(1-\frac{\sigma}{f_m}\right) \qquad (3-22)$$

4. 再生混凝土多孔砖砌体的弹性模量

根据提出的再生混凝土多孔砖砌体的应力-应变曲线表达式(3-22),可得

$$\sigma = f_m(1-e^{-300\varepsilon\sqrt{f_m}}) \qquad (3-23)$$

35

该曲线上任意一点的切线模量为：

$$E_t = \frac{d\sigma A}{d\varepsilon A} = 300 f_m \sqrt{f_m} \left(1 - \frac{\sigma}{f_m}\right) \tag{3-24}$$

对于砖砌体，由于当受压应力上限不超过砌体抗压强度平均值的 40%～50% 时，经反复加载-卸载 5 次的应力-应变曲线变为直线。在应力取 $\sigma_A = 0.43 f_m$ 时，可按直线确定砌体受压弹性模量。这里取 $\sigma_A = 0.43 f_m$ 是考虑此时砌体正常使用时不开裂，即为开裂荷载最小值。

由前面的抗压试验破坏过程及特征可知，对于再生多孔砖砌体，开裂荷载与极限荷载的比值在 0.8～0.9 之间，考虑到其塑性较差，参照普通砖砌体弹性模量的计算方法，这里取 $\sigma_A = 0.6 f_m$ 时的割线模量作为再生混凝土多孔砖砌体弹性模量的基本取值。由式(3-23)可得

$$E = \frac{0.6 f_m}{-\dfrac{1}{300\sqrt{f_m}} \ln(1-0.6)} = 201.2 f_m \sqrt{f_m} \tag{3-25}$$

根据对试验结果的分析，对于再生混凝土多孔砖砌体受压弹性模量的计算建议近似的按式(3-26)计算。

$$E = 200 f_m \sqrt{f_m} \tag{3-26}$$

为了便于取值，根据试验结果，参照我国现行砌体结构设计规范，以设计强度 f 代替平均强度 f_m，给出弹性模量与设计强度的线性关系式为：

$$E = 1000 f \tag{3-27}$$

表3-4 列出了弹性模量试验值与式(3-26)、式(3-27)的计算值的对比结果。与表3-5 中数据的比较可知，试验结果有较好的收敛性，同时式(3-26)和式(3-27)的计算结果和试验结果符合较好。

弹性模量的试验值与式(3-26)和式(3-27)计算值比值　　　　　　表 3-5

试件编号	试验值/式(3-26)			试验值/式(3-27)		
	A	B	C	A	B	C
1	1.42	1.10	1.23	1.05	1.15	0.98	1.09	0.96
2	0.79	0.94	1.48	1.20	0.64	0.84	1.32	1.02
3	1.41	0.79	1.32	1.11	1.14	0.70	1.17	1.01
4	1.57	1.50	1.20	1.28	1.27	1.33	1.07	1.16
5	0.94	0.86	0.98	0.89	0.76	0.76	0.87	0.81
6	1.35	1.30	1.04	1.22	1.09	1.16	0.93	1.11
平均值	1.25	1.15	1.11	1.00	1.02	1.01
变异系数	0.25	0.20	0.12	0.25	0.20	0.12
总平均值	1.17			1.01		

第四章　海砂混凝土

引言[17]

我国大规模经济建设的飞速发展，使沿海地区陆续出现河砂短缺现象。我国沿海地区偷挖、滥用海砂现象由来已久，1999年国土资源部发布了《关于加强海砂开采管理的通知》，提出在保护海洋环境的前提下，允许有序地开发海砂资源，以解决建筑用砂问题。这本是"变废为宝"的好事，然而，不合理地使用海砂，却会给国家和民众带来麻烦乃至灾难。这是因为海砂中含盐，会腐蚀钢筋、破坏混凝土结构。如果使用不合格海砂，建筑物就会发生结构破坏甚至跨塌（一般可在1～15年内暴露出来）。一旦遭遇地震，这样的建筑物可能最先倒塌。所谓"海砂屋"就是指使用了不合格海砂所建造的建筑物（公用、民用或基础设施），是属于质量低劣的建筑（图4-1）。

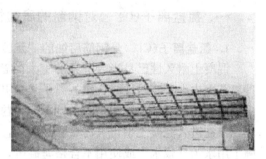

图4-1　"海砂屋"——不适当使用海砂引起的楼板钢筋腐蚀与结构破坏

海砂作为建筑用砂存在两面性。一方面用海砂取代或部分取代河砂，可以缓解河砂缺乏现象，"变废为宝"，是利国利民的；另一方面，海砂中含盐，对钢筋混凝土有破坏作用（以往主张使用河砂，一般不推荐使用海砂，海砂含盐，具有腐蚀性）。如果必须使用海砂时，首先要严格进行"除盐处理"，使其达到"合格"后才能使用。

国内学者早就呼吁正确认识和合理使用海砂的问题。直到近期，部分沿海城市"海砂屋"现象纷纷出现，才引起有关方面的注意。造成"海砂屋"的原因是多方面的，有技术原因，更有非技术因素。

第一节　海砂中主要有害物质对混凝土的影响[18]

我国东南沿海地带，在工程施工时普遍使用淡化海砂作为混凝土细骨料。根据现行国家标准《建筑用砂》（GB/T 14684—2000）规定：砂中如含有云母、轻物质、有机物、硫化物及硫酸盐、氯盐等有害物质，其含量应符合表4-1的规定。海砂一般具有粒度适宜（多为中砂）、颗粒坚硬、级配良好、含泥量少等优点，但存在的问题是含盐量及贝壳含量较高。

建筑用砂有害物资含量　　　　　　　　　　　　　　　表 4-1

项　　目	指　　标		
	Ⅰ类	Ⅱ类	Ⅲ类
云母(按质量计)(%)	<1.0	<2.0	<2.0
轻物质(按质量计)(%)	<1.0	<1.0	<1.0
有机物(比色法)	合格	合格	合格
硫化物及硫酸盐(按 SO_3 质量计)(%)	<0.5	<0.5	<0.5
氯化物(以氯离子质量计)(%)	<0.01	<0.02	<0.06

注：砂按技术要求分为Ⅰ、Ⅱ、Ⅲ类，Ⅰ类宜用于强度等级大于 C60 的混凝土；Ⅱ类宜用于强度等级 C30～C60 及抗冻抗渗或其他要求的混凝土；Ⅲ类宜用于强度等级小于 C30 的混凝土和建筑砂浆。

海砂中主要有害物质如下：

一、氯盐离子(Cl⁻)对钢筋的腐蚀性

1. 氯盐离子(Cl⁻)是钢筋腐蚀的"元凶"

混凝土耐久性已是当今世界的重大问题，钢筋腐蚀是影响耐久性的第一因素。而世界范围内大量实践证明，氯盐离子又是引起钢筋腐蚀的"元凶"。因此，氯盐对钢筋混凝土结构的腐蚀，已经是一个世界性问题。

氯盐进入混凝土中，大体有两种途径，其一是事先混入，例如使用含氯盐外加剂、施工用水为"咸水"或使用不合格海砂等；其二是环境中的氯盐(如海洋环境)慢慢渗透到混凝土中。不正当地使用海砂，无疑是"引狼入室"，为建筑结构埋下了隐患。

2. 氯盐离子(Cl⁻)对钢筋腐蚀的电化学过程

钢筋腐蚀是一个电化学过程，混凝土中进入 Cl⁻，钢筋表面的钝化膜会遭受破坏，形成腐蚀电池。Cl⁻ 还起着阳极去极化作用，其反应式为：

$$(Cl^- + Fe^{++}) + H_2O + 2e = Fe(OH)_2 + 2H^+ + 2Cl^-$$

由上式可以看出，Cl⁻ 只参与了反应过程，起到了"搬运"作用，但它在整个过程中并没有被"消耗"掉。换言之，凡是进入混凝土中的游离状态 Cl⁻，会周而复始地起破坏作用，这也是氯盐危害的特点之一。混凝土中 Cl⁻ 的存在，强化了离子通路，降低了混凝土的欧姆电阻，从而也加速了电化学腐蚀过程。总之，Cl⁻ 引起并加速钢筋腐蚀，锈蚀膨胀使混凝土开裂、结构破坏。

3. 关于氯盐腐蚀的"临界值"

Cl⁻ 在钢筋表面只有达到一定浓度时钢筋才会锈蚀，通常将此浓度称作引起钢筋锈蚀的"临界值"。混凝土是一个复杂的体系，外界条件也不一样，"临界值"是随条件而变的。"临界值"是客观存在的，只要超过这个"临界值"钢筋就会腐蚀。

为使钢筋混凝土结构在使用期内避免遭受钢筋腐蚀破坏，严格控制 Cl⁻ 进入混凝土中和使其不超出"临界值"，是十分必要的。

在试验研究和工程实践的基础上，世界上许多国家的规程、规范、政府指令性文件中，都作了相应的氯离子限量规定，对混凝土中 Cl⁻ 含量实行总量控制。不论以何种途径进入到混凝土中，都不允许 Cl⁻ 含量超出该限定值，并以此"限定值"作为新

建工程质量控制的重要技术指标之一。表 4-2 列出了美国混凝土学会（ACI）的相关规定。

混凝土中允许 Cl^- 含量的限定值（水泥质量百分比）　　　表 4-2

类　　型		ACI 201	ACI 318	ACI 222
预应力混凝土		0.06	0.06	0.08
普通混凝土	湿环境、有氯盐	0.10	0.15	0.20
	一般环境、无氯盐	0.15	0.30	0.20
	干燥环境或有外防护层	无规定	1.0	0.20

日本为了更便于应用，规定了每 $1m^3$ 混凝土中 Cl^- 含量的限定值。对于耐久性要求较高的钢筋混凝土，Cl^- 总量不超过 $0.3kg/m^3$；一般钢筋混凝土，Cl^- 总量不超过 $0.6kg/m^3$。若每 $1m^3$ 混凝土按 300kg 水泥计算，以上规定为水泥重量的 $0.1\%\sim 0.2\%$，与表 4-2 中美国的规定基本一致。

近期国内制订、修订的规程规范逐步与国际接轨，比较严格的指标规定是，对于预应力混凝土，Cl^- 总量不超过 0.06%（水泥质量百分比、下同）；对于普通混凝土，Cl^- 总量不超过 0.10%，与 ACI 201 的规定近似。

4. 海砂中氯盐的"限定值"

为了保证混凝土中 Cl^- 总量不超过标准限量，对施工中用水、砂石、外加剂等的氯盐含量都必须给予限制，否则，混凝土中氯盐含量就会超过"临界值"，钢筋就有腐蚀的危险。就砂子而言，海砂含有不等量的氯盐。有些海砂含盐量高达 $0.1\%\sim 1\%$（淡砂质量百分比）。直接使用这样的海砂建造房屋或公共基础设施（如桥梁等），由于盐分远远超过"临界值"，钢筋腐蚀危害就会发生。

一些国家对海砂的盐含量作出限量规定，即"限定值"，借以规范海砂的使用。如日本规定，海砂氯盐含量为 0.02% 以下者（以 NaCl 占干砂重量的百分比，下同）可直接使用（也有 0.04% 的规定），凡是含盐量超标的海砂，必须采取除盐处理措施（如淡水洗）或防盐腐蚀措施（如加钢筋阻锈剂等）。未经处理的含盐量超标海砂是严禁使用的。

我国相关规范规定，对于一般混凝土海砂 Cl^- 含量应低于 0.06%（相当于以 NaCl 占干砂重量百分比的 0.1%，比日本的规定放宽些）。如果按每 $1m^3$ 混凝土加 500kg 海砂计，当 Cl^- 含量为 0.06% 时，则带入混凝土中的 Cl^- 量为 0.3kg；若 $1m^3$ 混凝土用 300kg 水泥，则仅海砂带入的 Cl^- 量，就已经达到"限定值"了（水泥质量的 0.1%）。因此，保证海砂含氯盐不超标，是最起码的要求。如果再违规使用超标海砂，则会使混凝土中 Cl^- 总量远远超过钢筋腐蚀的"临界值"，钢筋发生腐蚀，结构破坏。

二、贝壳含量

贝壳属于表 4-1 有害物质中的轻物质范畴。贝壳类主要成分为 $CaCO_3$，贝壳类虽然为惰性材料，一般不会与水泥发生化学反应，但这些轻物质往往呈薄片状，表面光滑，本身强度很低，且较易沿节理错裂，因而与水泥浆的粘结能力很差。一般来说，当贝壳类等轻物质含量较多时，会明显使混凝土的和易性变差，使混凝土的抗拉、抗压、抗折强度及抗冻性、抗磨性、抗渗性与耐火性能均有所降低。因此必须对其含量加以限制。

一般来说，细碎的贝壳渣滓对混凝土强度影响不显著，但对于海砂中贝壳含量较多时，会直接降低混凝土的强度，尤其对蒸压养护的混凝土（如预应力管桩等）的强度非常不利。

第二节 "海砂屋"危害无穷

滥用海砂并不是我国独有的现象。早年一些国家和地区，曾经吃过大亏与苦头。正在发展中的国家若不汲取教训，将可能重走老路。为了说明"海砂屋"的巨大危害性[17]，先列举几个不正当使用海砂而造成恶果的例子。

一、国外教训

1999年土耳其地震，有3万多人被埋在倒塌的建筑物中。经调查，这些倒塌的建筑物质量大都有问题，其中之一就是几乎都使用了海砂。

韩国曾有过滥用海砂的时期，许多建筑物先后出现问题。其中震动最大的事件是汉城"三丰大厦"的突然跨塌，20人死亡，615人受伤。主要原因之一就是在建造时使用了不合格海砂。

日本在有关地震的报道中，关于房屋倒塌的原因有"天灾人祸各半"之说。建筑质量是重要因素，其中不适当使用海砂是因素之一。

二、我国台湾的"海砂屋事件"

20年前，台湾地区基建规模最大，使岛内出现建筑用河砂奇缺的现象，于是滥用海砂渐成蔓延之势。几年之后（3～10年间），陆续出现大量房屋、公共建筑等的腐蚀破坏现象，并波及到全台湾省，被称作"海砂屋事件"。台湾《民生报》曾以"海砂屋风暴"来报道事件的严重性与危害性。文称："骤起的海砂屋风暴就像强烈台风，暴风由北而南，笼罩了台湾……生锈化脓的黄褐色铁水从龟裂处逐一渗出，裸露的腐蚀钢筋再也支撑不住……家毁人亡的阴影压得人喘不过气来。"

台湾地区到底有多少"海砂屋"，没有一个确切的数字，但"海砂屋"数量之多、范围之广，都是惊人的。

1999年9月21日台湾地区发生大地震，许多建筑物倒塌，伤亡惨重。倒塌、破坏的房屋大都涉及了偷工减料的"海砂屋"问题。地震更进一步揭示和暴露了"海砂屋"的严重危害。近期，岛内还在继续报道"海砂屋事件"的后续过程。

由上说明，"海砂屋"能够给社会和人群带来长期性、灾难性的后果。如果地震来临，更是人命关天的大事。

三、大陆凸现"海砂屋"

宁波地区大规模使用未经处理的海砂和成批出现海砂屋，已经是不争的事实（2004

年3月27日，浙江电视台作了详尽报道）。杭州日报报道说："近日，宁波市华绣巷的23户居民先后发现……整幢房屋的钢筋生锈、胀裂……房子建造时，用了未经淡化的海砂，这一现象，业界称之为"海砂屋"……以2003年为例，宁波市建筑用砂约为1000万t，其中用海砂为800万t。而这800万t海砂中，以各种理由和各种原因未经淡化而使用的海砂达520万t，占65%"。正如报道中所说，大量使用未处理的海砂的更直接原因是由于淡化后的砂成本高。

这不仅仅是宁波一个城市的问题，据浙江新闻报道"盖房离不开砂子，由于河砂资源越来越紧张，我省一些沿海地区，海砂代替了河砂被大量应用在建筑工程上。"

据悉，长江一带也有用海砂的情况。有报道说"由于长江中下游河道全面禁采河砂，有的建筑工程用海砂代替河砂，从而影响到许多工程的进度、投资和质量。甚至某些重点工程的用砂也受到不同程度的影响"。

山东也有报道说："近年来，沿海工业、建筑业的迅速发展，海砂显示出愈加重要的实用价值……一些地区大面积开挖海砂。"

我国台湾地区发生了"海砂屋"事件教训惨痛；宁波市出现了使用未经处理的海砂事例和随之出现了"海砂屋"群，令人震惊。另悉，舟山、深圳等地，也已经出现"海砂屋"破坏的事例。看来，在我国沿海，"海砂屋"有发展的趋势。我国广大沿海地区海砂开采和使用都在大规模进行，使用未处理海砂的比例到底有多少现在尚无报道和查证。毫无疑问，建筑业中违规使用海砂的"无序行为"必须尽快制止，否则将后患无穷。

除去海砂中的氯盐使其达到"合格"，在技术角度上并不是难以解决的（如日本是成功大量使用海砂的国家）。我国也有成功使用海砂的先例（如山东三山岛金矿建设工程）。值得注意的是一些非技术因素的作用。如"利益驱动"、"短期行为"、"有法不依"和"执法不严"等。这些问题的相应解决，方能有效地扼制"海砂屋"的发生、发展与泛滥成灾。

第三节　海砂混凝土结构腐蚀破坏实例与分析[19]

1994年10月开始的对我国东南沿海某钢筋混凝土挡潮蓄淡大闸进行了跟踪调查。该闸竣工于1972年底，并于1991年对部分构件进行了腐蚀修补。调查的主要部位有：处于水位变动区和浪溅区的启闭大梁、胸墙闸门板、排架柱、工作桥以及机房室内的柱梁等。调查发现，除了预制构件外，现浇钢筋混凝土均采用当地海砂。所见的现浇钢筋混凝土构件顺筋开裂严重，有的钢筋几乎已锈断，大片混凝土保护层脱落，一片凄惨景象。

一、腐蚀原因分析

1. 钢筋锈蚀和顺筋裂缝

混凝土结构中钢筋的腐蚀是一个电化学过程。在阳极，铁逐渐离子化；在阴极，水中的O_2吸收电子而生成OH^-离子。阳极的Fe^{2+}与迁移来的OH^-结合成$Fe(OH)_2$

锈膜或与水分中的 Cl^- 生成 $Fe(OH)Cl$，而后再进一步与 H_2O 和 O_2 结合生成铁锈：

$$Fe(OH)_2 + O_2 + H_2O \longrightarrow nFe_2O_3 \cdot mH_2O（红锈）+ Fe_3O_4（黑锈）$$

$$Fe(OH)Cl + O_2 + H_2O \longrightarrow nFe_2O_3 \cdot mH_2O + HCl$$

因此，钢筋锈蚀的充要条件是：钢筋表面存在有一定的电位差；存在足够的 H_2O 以溶解 O_2；阳极段表面处于活化状态。一般地，混凝土中的液相 pH 值可达 12.5～13.5。钢材在这种高碱的环境中能形成致密稳定的钝化膜，使得钢筋内部无法形成腐蚀电流。只有当混凝土保护层被碳化或者积聚了足够量的 Cl^- 时，钢筋表面才会处于活化状态。

试验室实测表明，钢筋锈蚀后，其体积可按溶解 O_2 富余程度的不同，膨胀 2～4 倍。沿钢筋的纵向裂缝正是由于它挤压混凝土保护层并使之达到极限拉应变所致。

2. 构件的碳化

鉴于该工程地理环境上的特点，混凝土碳化（中性化）主要由 $Ca(OH)_2$ 与 CO_2 反应引起。测试表明（见表 4-3），海砂对中性化速度基本无影响。实测碳化速度系数 k 的细小差别可以认为主要系现场施工因素造成；碳化的前锋面大部分已深入保护层，因此碳化也是该工程钢筋锈蚀的原因之一。

水位变动区混凝土实际碳化速度系数 k① ％　　　　　　　　表 4-3

测试部位	测点数	平均碳化深度②（mm）	年数（a）	k
原海砂混凝土（原 200 号）	40	34.0	22	7.2
原河砂混凝土（原 200 号）	10	33.9	23	7.09
1991 年修补边 J-1 混凝土（30MPa）	42	8.1	3	4.68

注：① 碳化深度 $d = k \cdot t^{0.5}$；
②除 3 个最大值和最小值之外的算术平均值。

3. 氯离子侵蚀

Cl^- 是钢铁最强烈的活化剂之一，它不仅能破坏钝化膜而引起腐蚀，而且能增大溶液导电性，增大电位差而加速腐蚀过程。1990CEB—FIB[20] 和 EN206—1[21] 指出：游离氯化物超过混凝土中水泥重量的 0.35％可导致腐蚀；对预应力混凝土而言，氯化物超过 0.2％就应判定有害。不过，钢筋的腐蚀还与介质碱度有关，当摩尔活度比 $Cl^-/OH^- \geqslant 0.6$ 时，更易引起腐蚀。

为了掌握海砂对混凝土 Cl^- 含量的影响，对大闸迎潮面水位变动区混凝土钻取了13 组试样，试验结果（见表 4-4）显示，除了海水日积月累的盐分析晶侵入的 Cl^- 含量，随海砂内掺的 Cl^- 占有一定的比重。

Cl⁻含量试验结果　　　　　　　　表 4-4

取样部位	取样深度（mm）	样本数	时间（a）	游离 Cl^- 含量（％）	Cl^- 总含量（％）
原海砂	0～30	4	22	0.740	0.836
混凝土	30～60	3	22	0.402	0.508
原河砂	0～30	3	23	0.405	0.510
混凝土	30～60	3	23	0.107	0.202

二、腐蚀破坏规律

现场调查到的情况和取样试验结果都表明：

（1）腐蚀破坏的最主要原因是混凝土中的 Cl^- 含量过大。因为采用海砂部位的顺筋裂缝明显比河砂混凝土严重，浪溅区 Cl^- 积累量最高，O_2 供应又充分，破坏也是最严重，水位变动区次之，非迎海面和室内则相对较轻。

（2）顺筋裂缝还与相对保护层厚度（保护层与钢筋直径比）相关。

（3）钢筋锈蚀与绝对保护层厚度和混凝土的质量（特别是密实度）相关。

上述规律与国外 Cl^- 对钢筋混凝土腐蚀破坏的规律大体吻合。

三、试验室试验与分析

为了证实腐蚀破坏的规律及 Cl^- 对钢筋钝化膜的破坏作用，有学者按照 JTJ 270—98 设计了钢筋加速腐蚀试验。除海砂外，试验用混凝土的其他组分所含氯盐均可忽略不计，钢筋腐蚀试验用的不同 Cl^- 含量的混凝土用砂均系由 Cl^- 含量为 0.091％ 的海砂经淡水冲洗或浸泡得到。

每种技术条件制作 4 个试件（尺寸 100mm×100mm×200mm），每种配合比各制作标准立方体试块 1 组，共成型试件 42 个。试验参数和钢筋腐蚀试验结果列于表 4-5。

试验参数经 5 次浸烘循环的钢筋失重率　　　　　　　表 4-5

试验号	混凝土强度(MPa)	保护层厚(mm)	钢筋直径(mm)	相对保护层[1]	砂 Cl^- 含量(%)	钢筋失重率(%)
1	21	25	10	2.50	0.091	9.4
2	21	25	20	1.25	0.091	8.8
3	21	35	10	3.50	0.091	8.6
4	21	35	20	1.75	0.091	7.9
5	21	35	20	1.75	0.060[2]	3.1
6	21	35	20	1.75	0.032[2]	1.8
7	21	35	20	1.75	0.002[2]	0.7
8	32	35	20	1.75	0.091	6.9
9	32	35	20	1.75	0.118[3]	14.1

注：①保护层与钢筋直径的比值；②用淡水清洗得到；③用盐水浸泡得到。

试验号 4 和 8 的结果显示，混凝土强度高的试件钢筋失重率要低一些；试验号 2 和 4 则表明，加大保护层厚度对延缓钢筋腐蚀速度也是有效的；而试验号 1、2、3、4 说明了在海砂混凝土结构中宜使用较粗的钢筋；特别值得注意的是试验号 4、5、6、7 以及 8、9 的结果，随着 Cl^- 含量的增加，钢筋失重率增加速度明显加快。

此外，异地进行的钢筋在新拌砂浆（砂的 Cl^- 含量分别约为 0.00％、0.03％、0.06％和 0.11％，系同种淡水砂用增盐方式制备）中的阳极极化试验（图 4-2）则显示，砂中 Cl^- 含量为 0.06％和 0.11％时（下二条曲线）钢筋钝化膜显然已损坏，0.03％曲线对应显示的钢筋钝化状态亦有活化的趋势。

基于海砂质量现状，对照海砂钢筋混凝土结构腐蚀破坏实例，结合试验室试验结果，可以认为：

（1）海砂对混凝土中钢筋腐蚀的影响是显著的，建工行业标准《普通混凝土用砂、石质量及检验方法标准》（JGJ 52—2006）和国家推荐性标准《建筑用砂》（GB/T 14684—2001)有关混凝土用砂 Cl⁻ 含量或氯盐限值的规定应从严执行，否则将严重影响钢筋混凝土结构的耐久性。

（2）对照不同标准（表 4-6）及图 4-2 显示的试验结果，（JGJ 52—2006）对海砂 Cl⁻ 的限量也是偏松的，对此还有待于进一步试验研究。而且在修订混凝土用海砂 Cl⁻ 含量的临界值时还应同时考虑混凝土其他组分（如外加剂，拌合用水等）掺水以及"后天"特种环境（如沿海）迁入的 Cl⁻ 含量，目标应使混凝土中的氯盐总量不超过某一阈值。

不同标准的 Cl⁻ 或折算 NaCl 限值（％）　　　　　　　　　　表 4-6

标准编号	限值类型	混凝土	钢筋混凝土		预应力混凝土	
			干燥或水下	其他环境	后张法	先张法
JGJ 52—92	Cl⁻	—	≤0.06	≤0.06	≤0.02	≤0.02
CECS 40：92	NaCl⁺	—	—	≤0.1	从严掌握	
JTJ 228—87	相对于水泥	—	≤0.07	≤0.07	—	—
JTJ 229—87	用量的 Cl⁻	—	—	—	≤0.03	≤0.03
DIN 4226—1, 4.83	Cl⁻	—	≤0.04	≤0.04	≤0.04	≤0.03
TGL 0—1045—72	Cl⁻	—	≤0.03	≤0.03	≤0.03	≤0.03
NET 3542—73	Cl⁻	—	≤0.1	≤0.1	≤0.015	≤0.015

注：Cl⁻ 折算成 NaCl(1.65×Cl⁻-Gehalt)。

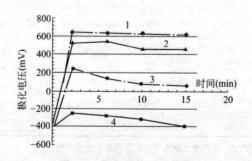

图 4-2　阳极极化试验曲线

Cl⁻ 含量：1—0.00％；2—0.03％；3—0.06％；4—0.11％

第四节　海砂用于抹面砂浆对建筑工程耐久性的影响

2004 年 8 月建设部发布的建标［2004］143 号文件"建设部关于严格建筑用海砂管理的意见"中第五条规定：建筑工程中采用的海砂必须是经过专门处理的淡化海砂。公共建筑或者高层建筑不宜采用海砂。钢筋混凝土抹灰面层不得采用未处理的海砂作砂浆。采用海砂的建筑工程应当严格工程质量检查；对结构构件的混凝土保护层不符合规范要求的，必须进行处理后，才得进入下一工序。抹面砂浆使用海砂造成的危害[22]主要有以下几方面：

一、对工程构件耐久性的影响

海砂对工程构件的危害主要是海砂中含有一定量的 Cl^-，它是钢铁最强烈的活化剂之一，不仅能破坏钝化膜而引起腐蚀，而且能增大溶液的导电性，增大电位差而加速腐蚀过程。另外，钢筋的腐蚀还与介质的碱度有关，混凝土空隙中的水分，通常以饱和 $Ca(OH)_2$ 形式存在，其中还含有一些 $NaOH$ 和 KOH，pH 值约为 12.5，这样的强碱性环境中，钢筋表面形成一种钝化薄膜，正是这种很薄的氧化薄膜，使钢筋受到保护，不至于腐蚀。但若 Cl^- 含量超标时，氯化物就会破坏钝化膜，当摩尔活度比 $Cl^-/OH^->0.6$ 时更易引起腐蚀。钢筋锈蚀后，其体积可膨胀 2～4 倍，钢筋向四周膨胀，当钢筋锈蚀力达到某一数值时，混凝土表面将开裂，它又会进一步加剧结构中钢筋的锈蚀，最后钢筋挤压混凝土保护层使之达到极限拉应变而导致结构破坏，乃至整个建筑物倒塌。

海砂用于抹面砂浆，虽然对主体构件无直接影响，但是当主体构件的混凝土保护层达不到规范要求时，抹面砂浆中的 Cl^- 就有可能渗透迁移到主体构件中，使主体构件中的 Cl^- 含量达到或超过其临界值，从而对主体结构的耐久性造成一定的影响

二、对墙体裂缝的影响

现在的工程主体一般为框架结构，为达到节能保温的目的，整个填充墙一般用蒸压粉煤灰砌块，施工时将主体构件和填充墙的连接处用钢丝网连接，这样可以在一定范围内限制墙体裂缝的产生。当采用海砂制作抹面砂浆时，海砂中的 Cl^- 就可以将钢丝网腐蚀而使它失去强度，这样钢丝网就不起任何限制作用，既增加了工程造价，又降低了工程质量。

三、对墙面腻子黏结强度的影响

沿海地区某小区有两座相邻的建筑，其抹面砂浆所用的原材料均为：水泥＋砂＋砂浆王，所用的腻子粉也一样，其中一座建筑墙体抹面砂浆为海砂，另一座用河砂，施工日期相同。抹灰施工结束后不足 2 个月，用河砂施工的建筑墙体完好无损，而用海砂施工的建筑墙体腻子大面积脱落，填充墙中所用的防裂缝收缩的钢丝网也已锈蚀。调查中发现，腻子与抹面砂浆之间有一层白色粉末，经试验验证，此白色粉末为碳酸盐类。产生这一现象的主要原因是：

（1）拌合砂浆中的 Na^+ 可以和水泥中的 OH^- 不足 2 个月反应生成 $NaOH$，在一定的湿度条件下，随着时间的推移，$NaOH$ 慢慢移至抹面砂浆的表面并和空气中的二氧化碳和水蒸气反应生成碳酸盐，从而大大降低了抹面砂浆和腻子之间的粘结力，造成大量腻子从抹面砂浆的表面脱落。

（2）另外，使用砂浆王时，应严格控制砂浆中 Na^+ 的含量，Na^+ 的大量存在会影响砂浆王的发泡质量，使泡径增大，从而使砂浆的空隙率增大，表观密度变小，强度

降低。从两座建筑物的砂浆密度也可以看出，有脱落现象的建筑抹面砂浆的表观密度小(1.55/2.02)，孔隙率大(44.2%～27.3%)，密度分析结果也证明了这一点。

第五节 建筑中合理利用海砂资源的新技术

一、利用海砂资源的技术措施[23]

解决"海砂屋"问题是一项社会性、公益性的工作，既有现实意义，更有长远影响。应采取积极、慎重的政策和严格的技术与管理措施，有条件地利用海砂，使海砂成为有用资源。目前国内外采取的利用含盐量"超标"海砂的技术措施主要有以下几种：

(1) 海滩堆积法：将海砂堆积到一定厚度，自然堆放数月或几年，取样化验，含盐量合格后使用。此技术措施简单，但周期长，空间利用率低且不能解决应急需要。

(2) 淡水冲洗法：利用淡水冲洗海砂，使其含盐量达到标准要求。此方法快捷，能满足应急需要。但通常需要冲洗设备，造价高，水资源浪费严重，不符合可持续发展需要。根据文献报道，冲砂机冲洗 1 吨海砂，大约需要 0.8t 淡水！仅以宁波市 2003 年建筑用海砂 800 万 t 计算，如果全部采取淡水冲洗法冲洗海砂，大约需要 640 万 t 淡水！

(3) 使用钢筋阻锈剂：向新建钢筋混凝土结构中添加内掺型钢筋阻锈剂或向"海砂屋"表面涂刷迁移型钢筋阻锈剂。该技术施工简单，费用低廉，无污染、无浪费。

目前日本沿海地区建筑用砂的 90% 以上是海砂。主要采取使用钢筋阻锈剂的技术措施，没有出现"海砂屋"问题，成为世界上在建筑领域使用海砂最成功的国家。据美国"全寿命经济分析"，采用添加钢筋阻锈剂的处理方法具有最优的经济效果。钢筋阻锈剂不是通过改善混凝土的固有性能如抗渗性等间接手段来延缓钢筋的腐蚀，而是通过抑制混凝土与钢筋界面孔溶液中发生的阳极或阴极电化学腐蚀反应来直接保护钢筋，保护效果更加稳定和优异。

二、国内外钢筋阻锈剂的研究进展

从 20 世纪 40 年代起，国外的许多研究机构相继在混凝土耐久性方面展开了研究。前苏联、日本和美国是最早使用钢筋阻锈剂的国家。日本和美国开始使用钢筋阻锈剂都是始于 20 世纪 70 年代。日本于 1973 年首次在大型工程中使用了钢筋阻锈剂，主要目的是防止海洋环境中的氯盐对钢筋的腐蚀。美国最初对使用钢筋阻锈剂持谨慎的态度。20 世纪 70 年代初，美国大量推荐和使用环氧树脂涂层钢筋。但由于这些工艺的经济指标和环保指标均不能令人满意。经过大量和长期的试验测试后美国于 20 世纪 70 年代末期开始使用钢筋阻锈剂，20 世纪 80 年代中后期向混凝土中添加钢筋阻锈剂的方法得到了大量的应用和推广。早期的钢筋阻锈剂产品主要包括各种亚硝酸钠、铬酸盐和苯甲酸钠等。但这些阻锈剂的效果不能完全令人满意，对新拌合硬化混凝土的凝结时间、早期强度和后期强度等物理性能都有不同程度的负面影响。进入 20 世纪 90 年代后，一些发达国家相继将目光投向了新型的非亚硝酸盐系钢筋阻锈剂的研究。国内对钢筋阻锈剂的研究起步相对较晚，直到 20 世纪 50 年代才对混凝土中的钢筋锈蚀问题展开了调查研究。20 世纪 70 年代对钢筋锈蚀问题的机理进行探讨和研究。迄今为止，我国对由钢筋锈蚀引发的混凝土结构问题的研究主要集中在调查和机理分析上，在修复处理方面的研究还很少，且材料的研究与结构修复的研究脱节。20 世纪 90 年代初期钢筋阻锈剂才开始引起人们的注意并逐步得到应用。

目前国内外钢筋阻锈剂的主流产品都属于掺入型阻锈剂，对迁移型阻锈剂的研究国外也还处于起步阶段，目前全世界只有 Sika 和 Cortec 两家公司研究过迁移型阻锈剂。国内还没有任何研究机构或者公司对迁移型阻锈剂进行研究。相比于掺入型阻锈剂，迁移型阻锈剂具有成本低、施工简单和节省劳动力等优点，被美国高速公路政策研究计划组誉为混凝土结构修复领域最具前景的新技术。

三、钢筋阻锈剂的技术经济效益

钢筋阻锈剂可以抑制、消除海砂中海盐对钢筋的腐蚀。在氯盐环境下，钢筋混凝土桥梁设计寿命为 40 年，采用加钢筋阻锈剂作为预先防护措施，其附加费用为 5.40 美元/m^2。若前期不采用预防护措施，则 15 年开始修复，寿命周期 40 年内累计费用将达 108～161 美元/m^2。因此，大面积地将钢筋阻锈剂和海砂配合使用，将能极大地满足我国建设事业飞速发展的需求。

第六节　淡化海砂在高性能混凝土中的应用

一、淡化海砂的控制指标、工艺及淡化海砂现状和宁波地区的市场应用[24]

1. 淡化海砂控制指标

原淡化海砂的控制指标是按国标《建筑用砂》（GB/T 14684—93）的技术要求规定的，并对贝壳含量（国标中无该项）作了补充规定。现新国标《建筑用砂》（GB/T 14684—2001）从 2002 年 2 月 1 日开始实施，它对砂的分类与规格作出了新的规定，淡化海砂的控制指标（包括贝壳含量）也随之调整，见表 4-7。

淡化海砂控制指标　　　　　　　　　　　　　　　　　　　　表 4-7

规格	细度模数	类别	Cl⁻含量(%)	含泥量(%)	贝壳含量(%)	备注（用途）
粗砂	3.7～3.1	Ⅲ类砂	<0.06	<5.0	≤8.0	Ⅲ类宜用于强度等级小于 C30 的混凝土和建筑砂浆
中砂	3.0～2.3	Ⅱ类砂	<0.02	<3.0	≤4.0	Ⅱ类宜用于强度等级 C30～C60 及抗冻、抗渗或其他要求的混凝土
细砂	2.2～1.6	Ⅰ类砂	<0.01	<1.0	≤4.0	Ⅰ类宜用于强度等级大于 C60 的混凝土

注：表中"贝壳含量"项为宁波地方规定，其他同新国标

2. 淡化海砂的工艺

淡化海砂生产加工工艺见图4-3～图4-6。

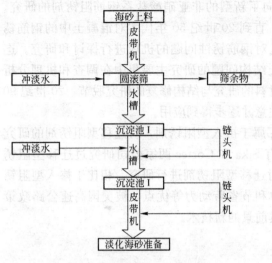

图 4-3　海砂淡化工艺流程图

图 4-4　淡化海砂场照片

图 4-5　一次滚筛照片

图 4-6　二次淡水冲洗照片

由图4-3可见，淡化海砂生产加工可操作性强、工艺简单，主要是一次滚筛和二次淡水冲洗。

宁波开发区某淡化海砂场是一个较典型的中型淡化海砂场。以该淡化海砂场为例：该砂场2003年年产淡化海砂25万 t，年耗水50万 m³，年耗电13万度。即耗水指标为2m³/t，即耗电指标为0.52度/t。该砂场的淡化海砂市场价是同等河砂价的三分之二。

加工过程各主要指标变化见图4-7，图中(一)示原始砂，即海砂取样；(二)示第一道工序，即经圆滚筛和冲淡水后取样；(三)示第二道工序，即经沉淀池Ⅰ和冲淡水后取样；(四)示第三道工序，即经沉淀池Ⅱ后堆场取样；(五)示使用前取样。

对加工过程进行分析可知(见图4-8)，第一和第二道工序是关键的，即经第一道工序筛去粗颗粒、粗贝壳等(注：规定筛孔为4～6mm，由于难操作，筛余量过大，实际

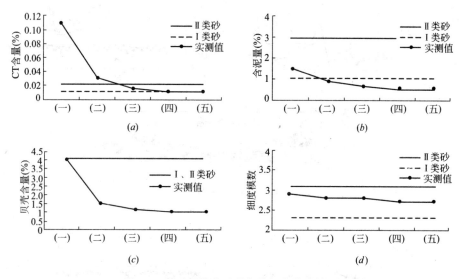

图 4-7 某砂场淡化过程各指标变化曲线图

上为 8mm），及淡水冲洗后，Cl^- 含量降低了 72.7%，含泥量降低了 40%，贝壳含量降低了 63.4%，效果非常明显；经过第二道工序，Cl^- 含量降低了 15.5%，含泥量降低了 13.3%，贝壳含量降低了 9.8%，经过以上加工，各项指标已全面达到Ⅱ类砂标准，且含泥量和贝壳含量已达到Ⅰ类砂标准；经过第三道工序（滤水作用），各指标继续降低，Cl^- 含量降低了 3.6%，含泥量降低了 13.4%，贝壳含量降低了 2.4%，此时已全面达到了Ⅰ类砂标准。

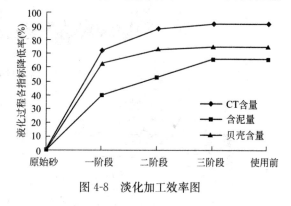

图 4-8 淡化加工效率图

以上海砂淡化结果已超过了控制指标基本规定要求。有必要说明一点，根据经验，考虑下雨等原因，从砂场到使用时淡化海砂检测指标可能还会下降，本次取样由于间隔时间较短，还看不出变化。

3. 淡化海砂现状

为了解目前宁波地区淡化海砂的整体情况，通过多种渠道，收集到 2002 年对 15 家淡化海砂场的抽检结果，如图 4-9（a）、图 4-10（a），图 4-11（a）所示；一季度某淡化海砂场的全检（该砂场 2001 年产量 20 万吨）结果，如图 4-9（b）、图 4-10（b），图 4-11（b）所示；以及镇海区质量监督站试验中心 2000～2001 两年的全检结果，如图 4-9（c）、图 4-10（c），图 4-11（c）所示。

对图 4-9～图 4-11 综合分析可知，检查项目中，100% 达到Ⅱ类砂标准，其中 Cl^- 含量达到Ⅰ类砂标准占 77.5%，含泥量达到Ⅰ类砂标准占 87.3%；细度模数 2.0～3.6，其中粗砂占 16.7%、中砂占 80%、细砂占 3.3%（详见表 4-8）。

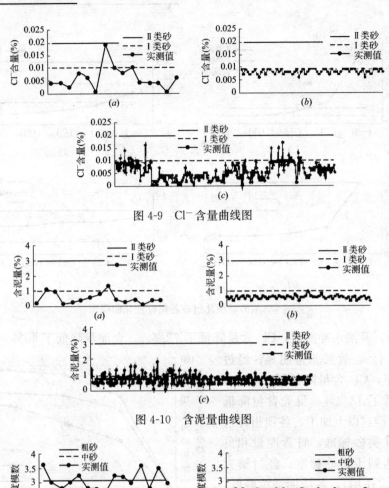

图 4-9 Cl⁻含量曲线图

图 4-10 含泥量曲线图

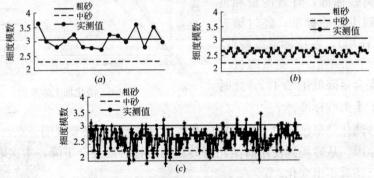

图 4-11 细度模数曲线图

淡化海砂各指标检测合格率（％）情况 表 4-8

项 目		15家砂场检测	某砂场全检	镇海区两年全检	综合
Cl⁻含量	符合Ⅱ类砂（％）	100	100	100	100
	符合Ⅰ类砂（％）	80	61.5	81	77.5
含泥量	符合Ⅱ类砂（％）	100	100	100	100
	符合Ⅰ类砂（％）	86.7	98.5	84.4	87.3
细度模数	粗砂（％）	40	0	19.5	16.7
	中砂（％）	60	100	76.1	80
	细砂（％）	0	0	4.4	3.3

从图 4-9～图 4-11 中看出，年产量超过 20 万吨的大型砂场，各项指标相当好，完全能满足高性能混凝土的原材料要求。由于近年海砂砂源均采自 30～70m 水深海区，通常细度模数都较好。图 4-9(c)～图 4-11(c) 中，因地方上为满足不同用途，包括建筑砂浆，有部分细砂分布。总的来说，淡化海砂质量稳定，以中粗砂、尤以中砂为主，控制指标 100％符合 Ⅱ 类砂标准。

4. 宁波地区淡化海砂应用情况

20 世纪 90 年代初，宁波市基本建设开始加速，建筑用砂日趋紧张，在河砂供不应求时，海砂应时而生，至 90 年代中期，海砂在建筑中的使用量已超过河砂。

早在 1993 年宁波市建委在组织专家对海砂在混凝土中应用研究的基础上，制订了《宁波地区建筑用海砂技术规定》(甬地管 [1993] 4 号)，1997 年市建委为了加强对海砂使用的管理，制订了《宁波市钢筋混凝土结构采用海砂配制混凝土掺加阻锈剂的若干规定》(市建科 [1997] 015 号) [9]，同时，市政府组织有关部门进行海砂淡化的专题研究，设计了海砂淡化的生产工艺，1997 年 4 月在镇海建成首条淡化海砂生产流水线，6 月通过宁波城乡建委组织的专家鉴定委员会的鉴定(甬建科鉴字 97-005)，并作为宁波市年科技成果 [市建科(1997-222 文)-9724 号] 推广使用。现淡化海砂已经成为主要建筑用砂，在宁波地区的工程建设中普遍应用。2001 年宁波地区建有 36 家淡化海砂场(今年有多家正在新建报批中)，年可产砂量 400 万～500 万 t，占到年总需用砂量 800 万～1000 万 t 的 1/2。

5. 使用过程存在的问题

建筑用砂市场存在以海砂代用河砂、淡化海砂的现象，给工程留下不小隐患，给市场带来不利影响。分析其原因主要有以下两方面：

(1) 价格方面：一是承包商盲目追求利润，二是建筑市场竞争激烈，工程标价压得很低。据宁波市 2002 年 3 月建设工程造价信息，海砂价格是淡化海砂的 50％～60％，是河砂的 30％～40％。

(2) 管理方面：建筑市场混乱，分包队伍杂多，监督部门监控不到位。

二、国内外对淡化海砂在高性能混凝土中的应用研究现状

1. 淡化海砂在普通混凝土中的应用

通过查阅文献和网络检索，鲜有淡化海砂方面的报道。据了解，淡化海砂是宁波地区的特色，至今上海还不允许使用。2002 年宁波地区混凝土用量 600～700 万 m³ 中，使用淡化海砂混凝土约 250 万 m³，占到 35％～40％。据统计，宁波七大商品混凝土公司，2002 年产量 70 万 m³，全部使用淡化海砂。至目前为止，未有因淡化海砂的使用而导致工程质量问题的报道。

2. 淡化海砂在高性能混凝土中的应用

在国内，宁波做了些尝试和应用。1998 年，宁波建设集团进行了 C60 高强泵送预拌混凝土的研制，并在电信大楼试点应用，其泵送性能水平距离 229m，高度 21m，扩展度 520～550mm，胶凝总用量 550kg，渗透 8～34mm，经时坍落度损失 15～40mm，弹性模量 3.98×10^5 kg/cm²，抗压强度 7d 为 54.4MPa，28d 为 67.0～83.5MPa。该项

成果经宁波专家组鉴定予以了肯定。宁波建工集团拳头产品 φ400、φ600 先张法 C60 管桩中，大量地使用淡化海砂，该桩型质量好，产量高，2001 年产量达 90 万延米，占有宁波相当比例市场份额。

三、淡化海砂在高性能混凝土中的应用工程实例

上海宝钢马迹山港 25 万吨级矿石中转码头工程，位于浙江嵊泗县，是国家重点和上海市重大工程，于 1998 年 10 月开工，2001 年竣工。该工程设计耐久性为 50 年，其水工工程工作量 3.7 亿元。工程开工后，在总结 1997 年淡化海砂在 20 万吨级协和石化码头工程中的试点应用情况和积累的大量基础资料的基础上，为节约成本和在海工工程方面做进一步的开发应用，施工单位提出申请使用淡化海砂的报告，阐明淡化海砂各项指标与河砂相仿，后经业主、监理和质量监督部门同意予以采纳使用。

在国标和宁波市规定的基础上，针对本工程特点，具体规定了淡化海砂各项指标要求：Cl^- 含量不大于 0.02%，含泥量不大于 1%，贝壳含量不大于 2%，细度模数 2.5～3.0。为确保产品质量稳定性，采取了固定使用某一大型砂场的措施。该工程中全部所用的淡化海砂实测的各项指标值见图 4-12。

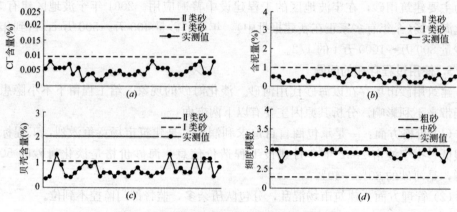

图 4-12 工程用淡化海砂各指标实测曲线图

从图 4-12 中可以看出，实测值 Cl^- 含量为 0.002%～0.008%，含泥量为 0.2%～0.9%，贝壳含量为 0.4%～1.3%，细度模数 2.7～3.0。这些指标符合 I 类砂标准，满足高性能混凝土的要求。

在工程总共 C30 现浇混凝土 47600m³ 中，使用淡化海砂混凝土 80% 左右，即淡化海砂使用量 30500t。按照当时物价，淡化海砂比河砂低 17.5～26.5 元/t，即使用淡化海砂节约成本 53.4 万～80.8 万元。现该工程已经竣工验收，质量等级核定为优良。

第七节 淡化海砂高性能混凝土氯离子渗透性研究[25]

一、强度等级的影响

对比分析 C60 与 C80 高性能混凝土的氯离子渗透性，不管细骨料是海砂、淡化

海砂还是河砂，即使在混凝土龄期稍短的情况下，C80 混凝土渗透性均比对应的 C60 小。

二、细骨料的影响

不同细骨料的对比分析如图 4-13 所示。结合图 4-13 可见，不管是何种外掺料，海砂混凝土的氯离子渗透性最大，河砂混凝土的氯离子渗透性最小，淡化海砂混凝土的氯离子渗透性居中。可以看出，淡化海砂混凝土的渗透性不仅明显降低，且已比较接近河砂混凝土的渗透性。

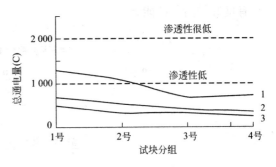

图 4-13　氯离子渗透性评价

1—海砂；2—淡化海砂；3—河砂

三、渗透性与龄期和外掺料的关系

比较 C60 高性能混凝土 90d 与 120d 的总通电量，由图 4-14 可知，随混凝土龄期的增长氯离子渗透性均降低，通电量降低率分别为海砂 17.5%、淡化海砂 23%、河砂 38.8%。以 C80 混凝土为例，在相同的龄期下，混凝土的氯离子渗透性与外掺料的关系如图 4-15 所示。由图 4-15 可见，磨细矿渣与粉煤灰双掺的抗渗效果比单掺磨细矿渣要好。

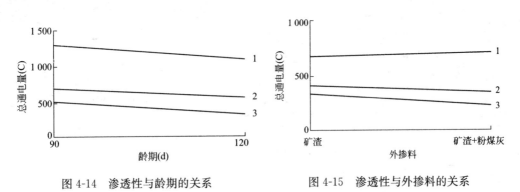

图 4-14　渗透性与龄期的关系

1—海砂；2—淡化海砂；3—河砂

图 4-15　渗透性与外掺料的关系

1—海砂；2—淡化海砂；3—河砂

四、耐久性分析

以往的研究认为，电量与氯离子扩散系数之间存在非常好的线性相关关系，即式 (4-1) 所示的线性回归方程。

$$y = 2.57765 + 0.00492x \tag{4-1}$$

式中　y——氯离子扩散系数，10^{-9} cm^2/s；

　　　x——6h 总通电量，C。

利用式 (4-1)，可由前面试验所得的通电量计算得到氯离子扩散系数。根据混凝土氯离子扩散系数的一般范围分布(图 4-16)，淡化海砂混凝土的氯离子扩散系数属于高性能混凝土范围内，这与以上的渗透性评价是吻合的，也说明淡化海砂高性能混凝土具有良好的耐久性能。

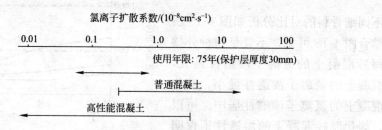

图 4-16　普通混凝土与高性能混凝土的氯离子扩散系数的一般范围

第五章 高性能复合砂浆钢筋网加固工程结构

我国相当多的建筑物已经进入中老年期，必须进行维修和加固。对已修建好的各类房屋建筑、桥梁进行维修、保护和加固，保持其正常使用功能，延长其使用寿命，不但可以节约投资，而且能够减少土地的征用，对延缓日益紧张的城市用地和减少大量不可降解的废旧混凝土颗粒矛盾有着重要的意义。现行的混凝土结构加固补强方法很多，直接加固法有加大截面法、外包钢加固法、预应力加固法、外部粘钢加固法等，其他加固方法还有增设支点加固法、托梁拔柱技术、增设支撑体系和剪力墙加固法，可这些加固方法或多或少有些缺陷。

随着新型建筑材料的飞速发展，采用新型的无机材料加固混凝土结构已成为可能。相对于有机材料加固方法而言，无机材料加固的混凝土结构具有相对较好的耐火性能、抗老化性能和环保性能。

第一节 高性能水泥复合砂浆钢筋网薄层（HPFL）加固混凝土结构技术[26]

高性能水泥复合砂浆薄层（HPFL，High Performance Ferrocement Laminate）是一种新型的无机材料，具有强度高、收缩小、环保性能好、耐久性好、可靠性高和混凝土黏结性能好等一系列优点，将其与钢筋网结合形成的加固薄层能与被加固的混凝土构件很好地共同工作，且对原结构的尺寸加大很少。采用高性能水泥复合砂浆钢筋网薄层加固混凝土构件能有效提高构件的强度、刚度、抗裂度和延性。特别是其具有造价低廉、环保性能好、耐火性能好、施工简易方便、加固质量容易得到保证以及结构耐久性好等一系列优点，因此是一种绿色结构工程加固技术。

高性能复合砂浆，是在普通水泥砂浆中掺入聚丙烯纤维、钙矾石型膨胀剂、减水剂、以及硅灰、粉煤灰等超细掺合料制作而成。高性能复合砂浆不仅具有很高的抗拉（3~5MPa）、抗压（40MPa以上）强度，而且具有良好的黏结强度、韧性、延展性和较大的极限拉应变。相对于普通水泥砂浆，高性能水泥复合砂浆固化前具有良好的保水性、流动性和工作度，硬化过程中收缩量小，硬化后抗压强度及新老界面黏结强度较高。

高性能复合砂浆的基础仍然是普通水泥砂浆，以无机材料为主，所以复合砂浆加固层能够与原混凝土结构能很好地兼容。只不过某些性能已调整改变。例如：复合砂浆与原结构黏结强度大于普通水泥砂浆；复合砂浆的自然收缩小于普通水泥砂浆；复合砂浆抗拉、抗压强度大大高于普通水泥砂浆。

HPFL加固方法是利用高性能复合砂浆优良的物理力学性能以及优良的界面粘结

性能，使得该加固砂浆薄层与原构件具有较好的整体工作性能。HPFL加固能抑制钢筋混凝土裂缝的产生和发展、有效提高构件刚度，原构件一次受力后，构件的裂缝和挠度有不同程度的发展，构件的截面刚度随着所加荷载的增加会有所降低。高性能复合砂浆覆盖了原有裂缝，加固构件的截面刚度会有明显的提高，加固后构件表面的裂缝发展及截面刚度与原构件会有所不同，加固构件的裂缝总体呈现出"细而密"的特点，钢筋网起到了约束和抑制裂缝的作用。

结构设计和加固设计不仅要解决结构承载力设计问题，而且要解决结构构件的适用性和耐久性问题。对于使用上要控制变形和裂缝的结构构件除了要进行临近破坏阶段的承载力计算外，还要进行正常情况下的变形和裂缝验算。

从上个世纪70年代至现在一大批专家、学者在钢丝网水泥加固混凝土结构方面做了大量的研究工作。例如：

1973年，Logan等人做了钢丝网水泥受弯构件的试验，试验中测量了挠度、受压区应变、裂缝的数量和宽度以及极限荷载，试验结果表明，随着钢丝网的增加，试件的开裂荷载、裂缝的数量都有相应增加，在钢丝应变相同的情况下裂缝宽度随钢丝网的增多而减小，采用的计算模式是建立在传统的钢筋混凝土计算模式上，认为钢丝网水泥试件的极限荷载、裂缝间距和最大裂缝宽度都能按普通混凝土构件模式计算。

2000年，Mothana等人研究了采用不同锚固形式对矩形截面混凝土构件的加固和修复RC Beams的影响，采用的锚固形式有喜力特螺栓和植抗剪钢筋，试件尺寸为150mm×250mm×2200mm。研究结果表明，极限荷载比对比试件高32%～55%，极限荷载试验值比理论值高25%～64%，跨中挠度的提高幅度不是很大。

2004年，Vidivelli等人对有加载史的混凝土梁用钢丝网水泥加固修复做了研究，试件的截面尺寸为125mm×250mm×2200mm，共有三根试件，一根作为对比试件，一根在受拉面粘贴钢丝网水泥，另一根采用三面U型加固形式。对比试件先加载到计算极限荷载，然后卸载至零，如此反复四次，第四次将试件加载至破坏。其他两根试件先加载至计算极限荷载，然后卸载至零，此时对试件进行加固修复，再将加固的试件加载至破坏，试验结果表明，加固修复后试件的性能有所改善，其中极限荷载提高的幅度为16.7%～41.7%。

我国从2001年开始研究"高性能复合砂浆钢筋网加固混凝土结构技术"。2005年建设部工程建设标准化协会向湖南大学下达了主编《高性能水泥复合砂浆钢筋网加固混凝土结构技术规程》的任务，2007年11月该规程通过了建设部审查，2008年初住房和城乡建设部完成了报批稿审查。结论是，整体上达到国际领先水平。特别适合我国广大农村地区的抗震和抗震加固。

最近，美国ACI在国家规程中提出了钢筋混凝土结构表层配筋技术（Skin reinforcement）。在普通混凝土结构构件保护层中配置钢筋来达到增强混凝土构件承载力的目的。这一新概念的提出与我们所提出的思想较为接近，也很好地验证了我们高性能复合砂浆钢筋网薄层（HPFL）加固混凝土结构新技术的可靠性与前瞻性。

HPFL这一技术的开发与使用结束了长期以来中国没有表层配筋的历史，使得中国步入钢筋混凝土结构世界先进行列，具有重要的意义。

需要说明的是：

（1）众所周知，被加固结构上往往有不可卸除的既有荷载，以往的研究只做了没有既有荷载的一次受力加固的研究，但是既有荷载（一次受力）对被加固结构的受力和变形影响很大，被加固构件的二次受力性能是我们研究工作的重点，二次受力构件的研究有受力大荷载周期长的特点。一个构件从第一次受力到加固、养护、又到第二次受力，其荷载变形性能的测试往往需要一个多月的时间，图5-1是我们自己研制的HPFL加固梁的二次受力试验加载置。梁二次受力的加载装置由杠杆和砝码及吊篮组成，杠杆的主、被动臂长比值为5，将砝码荷载放大五倍，这样的装置在加固养护的一个月内保持不存在千斤顶漏油、回缩的问题。

图 5-1　HPFL 加固梁的二次受力试验加载装置

（2）以往多是对钢丝网水泥加固砌体结构进行的研究，我们现在做的是高性能复合砂浆钢筋网薄层加固混凝土结构。对这种结构的抗震性能试验研究表明，用HPFL加固的钢筋混凝土柱具有极好的延性，抗震能力大大提高。

（3）对这种结构的疲劳性能试验研究表明，用HPFL加固的钢筋混凝土梁具有较好的抗疲劳性能，对于承受汽车动力荷载的桥梁结构加固具有较好的效果。

（4）对这种结构的耐火性能试验研究表明，用HPFL加固的钢筋混凝土构件具有较好的耐火性能，耐高温能力大大提高。

关于用HPFL加固的钢筋混凝土构件的疲劳和耐火设计施工将在下一个修订版本中提出。

本书简单介绍了高性能水泥复合砂浆钢筋网薄层（HPFL）加固混凝土结构技术优缺点、梁柱端部及节点处理、斜截面承载力计算、正截面承载力计算、裂缝宽度及刚度计算，以及正截面受压承载力计算。

HPFL是高性能水泥复合砂浆钢筋网薄层的英语中每一单词第一字母的拼写。全称为 High Performance Ferrocement Laminate。

随着材料科学的飞速发展，在普通的水泥砂浆中掺入新型的添加剂，对普通水泥砂浆进行改性，形成高性能的复合砂浆，将其用于加固混凝土结构已成为可能。中国建筑工业出版社即将出版由建设部工程建设标准化协会批准的《高性能水泥复合砂浆钢筋网加固混凝土结构技术规程》（以下简称《规程》）。我们旨在使广大建筑结构工程师了解并掌握这种结构加固的新方法与新技术。

HPFL加固法（比目前工程中采用的碳纤维、粘钢等）可靠性高，环保性能好，造价低廉，施工简易方便，是目前比较好的一种加固方法。这一新方法的实施可节省大量的工程投资，对地球的环境保护起到了相当大的作用，不愧为一种绿色环境保护技术。

HPFL与原混凝土构件粘结性能好，能够很好的协调共同工作，耐久性好，同时具备其他加固方法的优点。

HPFL加固混凝土结构的关键在于界面的强度，对不同结构的表面粗糙度和界面耐火性能、疲劳性能进行一系列研究，总的感觉到HPFL具有很好的粘结性能，在一般的人工凿毛的粗糙度情况下，HPFL就能与原构件很好的粘结并共同工作。

根据我国目前情况，急需在结构加固领域尽快推广和普及应用高性能水泥复合砂浆钢筋网薄层（HPFL）加固新技术。这一新技术的使用会大大地减少使用日本和德国的碳纤维材料，却大大地提高建筑结构加固的可靠性，显著地降低成本，改善环境条件。

一、高性能水泥复合砂浆钢筋网薄层（HPFL）加固混凝土结构的优点

历史上，钢丝网水泥仅被用来蓄挡液体的渗漏，很少用作结构的加固。和我们现在所用的高性能复合砂浆钢筋网薄层相比主要有以下不同：

以前仅仅是用"钢丝"，现在用的是"钢筋"，因此可以加固比较大（体积比较大或者受力比较大）的结构。

由于复合砂浆强度高，我们仅仅从被加固构件的外表面抹上薄薄的一层，约25mm，与钢筋网一起形成加固受力层（图5-2）。

图 5-2　钢筋网复合砂浆加固梁（柱）

以前是用的是"水泥砂浆"，现在用的是"复合砂浆"，复合砂浆比普通的水泥砂浆收缩小、强度高、工作性能好、与被加固构件的粘结性能好。

在英文里面只有钢丝网水泥的单词（ferrocement），没有复合砂浆的单词，更没有高性能复合砂浆薄层HPFL的单词（High Performance Ferrocement Laminate）。通过大量的试验研究和工程实践，发现HPFL具有以下的优点：

1. 强度高、收缩小

作为胶结材料的高性能复合砂浆，是在普通水泥砂浆中掺入聚丙烯纤维、钙矾石

型膨胀剂、硅灰、粉煤灰等超细掺合料制作而成。高性能复合砂浆不仅具有很高的抗拉(3～5MPa)、抗压强度(40MPa以上)，而且具有良好的黏结强度、韧性、延展性和较大的极限拉应变。HPFL采用钢筋网作为增强材料，分散性好，裂缝间距小。如图5-3所示用HPFL加固的跨度为7.2m的钢筋混凝土大梁直到极限荷载时，裂缝分布仍然密而细。从二次受力荷载挠度曲线(蓝色)可以看出，用HPFL加固的梁(菱形块连成的曲线)承载能力明显提高(图5-3)。HPFL收缩小，能与被加固构件混凝土共同变形，不容易产生剥离破坏。

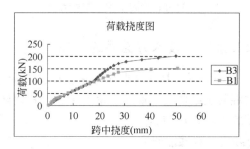

图 5-3　采用 HPFL 加固的钢筋混凝土梁裂缝密而小、承载能力提高幅度大

2. 防火、耐高温性能较好

高性能复合砂浆是一种以无机材料为主的胶结材料。相对于有机结构胶加固方法(比如说粘碳纤维、粘钢板方法)而言，HPFL具有较好的防火、耐高温性能。

3. 与原混凝土材料兼容性较好

HPFL属于无机材料，与钢筋混凝土材性十分接近，不会形成材质不兼容的隔离层。由于水泥胶体在长期的温、湿环境下的自愈合能力，砂浆与原混凝土的毛细管能相互连通，水泥胶体能相互渗透。与有机材料相比，HPFL与被加固的混凝土基材之间具有更好的兼容性、工作协调性、相互渗透性。

4. 施工简易，造价低廉

HPFL施工操作简单方便(图5-4)。只须按要求对原构件的混凝土表面进行凿毛处理，然后对表面进行清洗，植入剪切销钉，铺设钢筋网，涂刷界面剂，最后粉抹或喷射高性能复合砂浆即可。施工质量容易保证。因此HPFL加固法具有较强的适用性，易于推广应用。HPFL的主要材料为普通的钢材和水泥，加上少量添加剂，造价低廉。通常配网率下，其单位面积造价(直接费)仅为粘钢、粘碳纤维等加固方法的1/4～1/3左右。

5. HPFL 强度高，属于无机材料，稳定性好，与被加固构件共同工作的性能好

采用该方法加固混凝土结构仅仅只在构件表面增加薄薄的一层HPFL，约25mm，被加固构件的体积增加很少，几乎不占用原来的空间，适用性好。

图 5-4 HPFL 加固法施工简易方便

二、课题组在 HPFL 加固新技术方面做的工作

湖南大学围绕 HPFL 加固混凝土结构课题做了大量的试验研究工作。围绕高性能钢筋网复合砂浆薄层加固混凝土结构这一课题，笔者带领的科研队经过近七年的努力，做了大量的理论研究与试验工作，现归纳如下：

（1）高性能水泥复合砂浆材料性能研究；

（2）剪切销钉在钢筋网高性能水泥复合砂浆加固混凝土构件中的性能研究；

（3）钢筋网高性能水泥复合砂浆加固混凝土受弯构件一次、二次受力研究；

（4）钢筋网高性能水泥复合砂浆加固混凝土压弯构件静力研究和抗震性能研究（图5-5）；

（5）钢筋网高性能水泥复合砂浆加固混凝土受弯构件疲劳性能研究；

（6）钢筋网高性能水泥复合砂浆耐火性能研究。

图 5-5 HPFL 加固柱的抗震性能研究

第二节　HPFL加固混凝土结构的梁柱端部及节点处理

一、HPFL加固混凝土构件端部及节点锚固问题[27]

采用HPFL(High Performance Ferrocement Laminate)加固钢筋混凝土梁，一般都要凿除原梁构件保护层，使得原构件截面宽度B减小，这样使得梁端成为一种抗剪薄弱的钢筋混凝土结构截面；由于梁的纵向钢筋在靠近支座处截断，使得梁的纵向钢筋在靠近支座处不连续，不能传递拉力，导致框架梁端抵抗弯矩在支座处不连续。这些问题使得我们在处理混凝土梁端部弯矩连续问题方面遇到了困难，这些困难在粘钢等其他加固方法里面几乎是无法逾越的障碍。然而，作者在几个加固工程实践的基础上，针对这个问题提出了一些可行的构件端部及节点锚固问题及锚固方法。这些方法得到了成功应用，现逐一介绍给各位技术人员。总的来说，用HPFL加固法处理构件端部及节点问题，比其他加固方法还相对容易一些。

二、粘结锚固问题

1. 与原材料的粘结问题

从该问题的历史研究上来看，无论是受弯构件还是受压构件，加固后的钢筋混凝土构件都没有出现界面和锚固破坏。这一方面说明加固的HPFL与原构件混凝土具有较好的黏结性能和共同工作性能(加固薄层没有产生大于原构件的收缩变形)，HPFL能与原构件混凝土很好地共同工作；另一方面说明，加固后的构件上没有产生引起加固层剥离破坏的过大剪力和粘结破坏力。

2. 节点处的锚固问题

采用HPFL加固的混凝土构件，须在被加固截面的两头有足够长的锚固长度，该加固截面才能充分发挥作用。由于加固钢筋网的钢筋直径一般较小，锚固长度容易通过植筋的办法得到满足。所以采用HPFL加固的混凝土构件在其两端很容易通过植筋的办法使锚固长度得以满足，使得该截面能够承受一定的弯矩。

三、一般情况下采用HPFL技术加固混凝土构件时，端部及节点处锚固问题的处理

1. 三面U形加固梁

对于钢筋混凝土梁加固，梁端部剪力稍大时，可增设剪切销钉。由于楼板的存在，梁端一般采用三面U形加固(图5-6)，柱上HPFL纵向钢筋一般在柱角处穿过楼板与下柱的HPFL纵筋相接，其余钢筋植入柱端部梁混凝土中。锚固长度按《混凝土结构设计规范》执行。

2. 四面围绕加固梁、柱

当被加固梁端剪力要求提高的幅度很大，或者为了加固更为稳妥且现场情况允许，应采用四面围绕加固混凝土梁，如图5-7所示。根据《规程》对于混凝土梁、柱的加

固,当剪力 $F_{cb} \times 2 < V_{cm}$ 时应采用四面围绕加固(F_{cb} 为梁柱单面的抗剪切剥离力设计值、V_{cm} 为加固后梁端剪力设计值,按《规程》计算)。

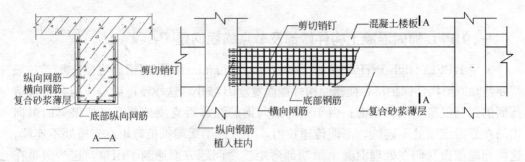

图 5-6　三面 U 形 HPFL 加固钢筋混凝土梁构造

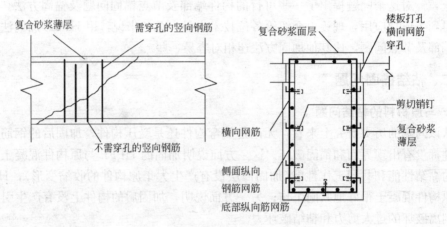

图 5-7　梁四面围绕加固截面示意图

由于竖向钢筋网在现场穿孔施工难度相对较大,因此在满足要求的情况下不需要每根竖向钢筋网都穿孔,可间隔穿孔,竖向钢筋网穿孔的间距应满足《规程》要求。

3. 梁端部剪切剥离破坏

当梁端剪力较大时,还可能发生如图 5-8 所示的梁端剪切剥离破坏,这时必须按《规程》在梁端采用剪切销钉或采用四面钢筋围绕加固的方法对梁进行加固。

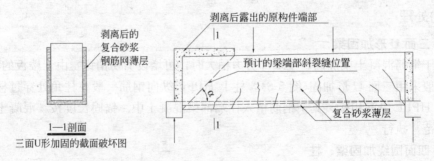

图 5-8　三面 U 形加固端部剥离破坏示意图

$h \geqslant 700$,$\alpha = 60°$;$h < 700$,$\alpha = 45°$

四、梁底部剪切剥离破坏的防止

当梁底部配筋较大时，梁底部配筋的拉力较大。这时可能发生沿梁底界面的滑移破坏。为了防止底部发生界面滑移破坏(图5-9)，底部加固用的纵向钢筋面积应符合下列规定：

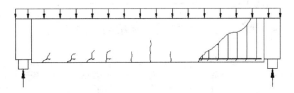

图5-9　底部滑移破坏示意图

$$A_{sm} \leqslant A_{sm,max} \tag{5-1}$$

式中　A_{sm}——底面加固钢筋网纵向钢筋面积；

$A_{sm,max} = \dfrac{0.4M_u}{f_{ym}h_0}$，其中$M_u$表示原梁承载能力设计值。

五、HPFL加固钢筋混凝土楼板

对楼板进行加固时，一般可采用增加原楼板厚度的方法进行加固。当板端部弯矩较大时，钢筋网的纵向钢筋应穿墙而过，而不应在板端截断(图5-10)。

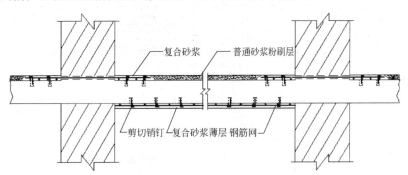

图5-10　加固钢筋混凝土板构造

六、剪力墙端部的加固

钢筋混凝土剪力墙端部经常与柱相连，此时，剪力墙端部存在内力。加固的复合砂浆薄层与柱连接处存在内力；剪力墙底部与相邻构件的连接处也存在相互作用力，因此这些部位的钢筋都应该采取植筋(图5-11)或者连续配筋(图5-12)的方式。

七、梁柱端部加固构造

当柱截面边长小于400mm时，柱端钢筋网横向箍筋对纵向网筋的约束锚固作用较大，故纵向钢筋不必植入柱端的梁中(图5-13)；当柱截面边长不小于400mm时，柱端纵向网筋需植入柱端的梁中(图5-14)。

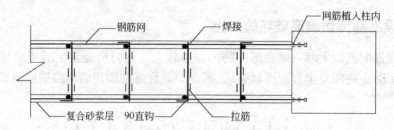

图 5-11　端部有明柱剪力墙的加固构造

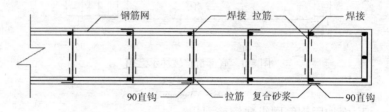

图 5-12　端部无明柱剪力墙的加固构造

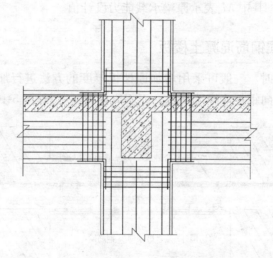

图 5-13　柱截面边长小于 400 时梁柱端部加固构造

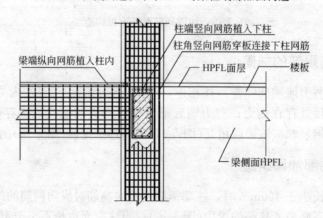

图 5-14　加固钢筋混凝土梁柱节点处构造

八、高性能水泥复合砂浆钢筋网薄层加固混凝土结构节点的构造

综上所述，为了抵抗梁柱板墙端部的内力，需要 HPFL 中的受力钢筋植入相邻的混凝土构件中以抵抗梁、柱、板墙端部的内力(图 5-15)。

增设剪切销钉的梁端部剪切剥离设计值 F_{cb} 可参阅《规程》计算。植筋虽有难度，但由于 HPFL 纵向钢筋直径一般比较小，实际上施工并不困难。需要说明的是，该处讲的节点处理问题是指被加固的梁柱在其端部(柱梁处)的承载能力连续过渡问题，而不是指节点强度问题。

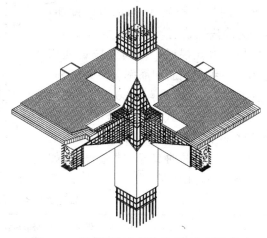

图 5-15 钢筋混凝土梁柱节点处加固构造

九、结论

根据《规程》和几个工程实例，我们得出如下几个结论：

(1)水泥复合砂浆属无机材料，能够与被加固的混凝土结构构件很好地粘结在一起共同工作，所以水泥复合砂浆钢筋网薄层在加固梁、柱、墙、板时安全可靠；

(2)水泥复合砂浆钢筋网薄层在梁的端部宜采用三面 U 型加固；当剪力较大时可采用四面环型加固；

(3)采用水泥复合砂浆钢筋网薄层加固钢筋混凝土梁、柱、墙、板并需要考虑被加固构件抵抗其端部的弯矩时，钢筋网的纵向钢筋宜植入其端部的柱、梁混凝土内。

总而言之，采用 HPFL 的加固技术处理混凝土结构的节点问题会比其他的加固方法更可靠、更经济，施工更简单、方便，周期短。

第三节 HPFL加固混凝土受弯构件正截面承载力计算

一、HPFL 加固一次受力受弯构件试验数据分析及正截面承载力计算[28]

1. HPFL 加固一次受力受弯构件试验数据分析

湖南大学课题组进行了抗弯加固一次受力试验研究，本试验共设计制作了 25 根试件，均为矩形截面。试件的设计截面尺寸为 $b \times h = 100\text{mm} \times 180\text{mm}$，跨度 $l = 2200\text{mm}$，净跨为 2000mm，混凝土保护层厚度为 10mm。钢筋配置分两组，一组 20 根梁，纵向受拉钢筋均为 $3\phi8$，纵向钢筋配筋率 $\rho_s = 1.04\%$，架立筋为 $2\phi6$。考虑到研究的主要对象为构件加

固后的抗弯性能，为防止因试验梁抗剪能力不足而引起的过早破坏，沿梁长度方向均匀配置了 $\phi4@100$ 箍筋，箍筋为冷拔低碳钢丝。

另一组 5 根梁，纵向受拉钢筋均为 $3\phi10$，纵向钢筋配筋率 $\rho_s=1.67\%$，架立筋为 $2\phi6$，箍筋 $\phi4@80$。试件采用三分点的加载方式，其中跨中纯弯段为 600mm，两端剪弯段都为 700mm，部分试验对比曲线及试验数据如图 5-16、表 5-1 所示。

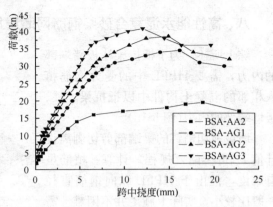

图 5-16　一次受力试件荷载—挠度对比曲线图

一次受力试件静力试验结果　　　　　　　　　　表 5-1

试件编号	开裂荷载 P_{cr1}(kN)	屈服荷载 P_y(kN)	极限荷载 P_u(kN)	裂缝平均间距 (mm)	$P_{0.2}$(kN)	$P_{0.3}$(kN)
BSA-AA2	4.0	16.0	19.5	97.4	11.0	16.0
BSA-AG1	9.0	28.0	34.5	67.6	20.0	27.0
BSA-AG2	10.0	32.0	38.6	60.4	23.0	31.0
BSA-AG3	11.0	37.0	40.8	52.3	27.0	37.0

注：表中，$P_{0.2}$、$P_{0.3}$分别表示最大裂缝宽度为 0.2mm、0.3mm 时对应的荷载。

从图 5-16 跨中挠度对比图中可以看到，加固试件在给定荷载下，跨中挠度值均有所减小，曲线斜率都有不同程度的增大，可见试件的抗弯刚度都得到了提高。从表 5-1 中可以反映，在用复合砂浆钢筋网加固的构件中，开裂荷载提高的幅度很明显，随着钢筋网层数的增加和砂浆强度的提高，开裂荷载有相应的提高的趋势，加固后试件的承载能力比未加固时有明显的提高。故根据试验数据分析可以看出 HPFL 可以很好的提高梁的抗弯承载力。

2. 一次受力受弯构件正截面承载力计算

当初始荷载产生的弯矩小于原构件设计弯矩的 20% 时，考虑到应力-应变滞后的现象不太明显，可按一次受力计算构件的正截面受弯承载力（图 5-17），仍然满足工程要求，其正截面受弯承载力应符合下列规定：

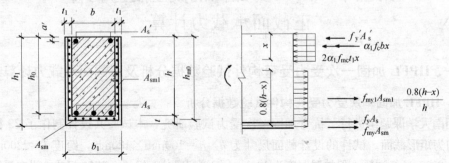

图 5-17　受弯构件一次受力正截面承载力计算简图

对于图 5-17 的受力情况，可以建立两个静力平衡方程，一个是所有力在水平轴方向上的合力为零，即：

$$\alpha_1 f_c bx + 2\alpha_1 f_{mc} t_1 x = f_y A_s + f_{my} A_{sm} + f_{my1} A_{sm1} \frac{0.8(h-x)}{h} - f'_y A'_s \tag{5-2}$$

另一个是所有各力对截面任何一点的合力矩为零，当对受压区混凝土压应力合力的作用点取矩时，有：

$$M \leqslant f_y A_s \left(h_0 - \frac{x}{2}\right) + f_{my} A_{sm} \left(h_{m0} - \frac{x}{2}\right) + f_{my1} A_{sm1} \frac{0.8(h-x)}{h}(0.6h - 0.1x) + f'_y A'_s \left(\frac{x}{2} - a'\right)$$

$$\tag{5-3}$$

式中 M——加固后构件的弯矩设计值；

f_y、f'_y——分别为原构件钢筋抗拉、抗压强度设计值；A_s、A'_s分别为原构件中纵向受拉、受压钢筋截面积；f_{my}、f_{my1}分别为梁底、梁侧钢筋网钢筋抗拉强度设计值；f_c为原构件混凝土轴心抗压强度设计值；f_{mc}为高性能水泥复合砂浆轴心抗压强度设计值；A_{sm}、A_{sm1}分别为钢筋网片中梁底、梁侧纵向受拉钢筋截面积；b、h为原构件截面宽度、原构件截面高度；h_0为原构件截面有效高度；h_{m0}为加固后构件的截面有效高度；x为加固梁混凝土受压区高度；a'为梁受压钢筋合力点至截面近边的距离；

式(5-2)、式(5-3)只适用于适筋构件的计算，不适于少筋构件和超筋构件的计算。考虑到加固构件基本都是承载力不够而需要加固，因此出现少筋的可能性几乎不存在，只要控制构件不要发生超筋破坏。为了防止将构件设计成超筋构件，要求构件截面的相对受压区高度不得超过其相对界限受压区高度。

相对界限受压区高度 ξ_b 可以根据截面平面变形等假定求出：

$$\xi_b = \frac{\beta_1}{1 + \dfrac{f_{my}}{\varepsilon_{cu} E_{sm}}} \tag{5-4}$$

式中 E_{sm}——梁底钢筋网弹性模量；

ε_{cu}——混凝土的极限压应变。

α_1 和 β_1 与《混凝土结构设计规范》中受弯构件正截面计算同。

二、HPFL 加固二次受力受弯构件试验数据分析及正截面承载力计算[28]

1. HPFL 加固二次受力受弯构件试验数据分析

所谓钢筋混凝土二次受力是指在加固过程中原结构(核心构件)仍然承受一定的外荷载(包括建筑物的恒载、部分活载和施工荷载)，进行加固后，钢筋混凝土构件连同加固材料一起共同承受新增外荷载的作用直至设计的极限状态。在二次受力问题中，加固材料同原钢筋混凝土构件相比较，存在较为明显的应力-应变滞后的现象，如何精确地计算出加固构件中加固材料(受拉区加固)的滞后应变值是解决问题的关键，湖南大学课题组对二次受力构件进行试验研究。试验中其中的 6 根试件的截面尺寸 $b \times h = 100\text{mm} \times 180\text{mm}$ 跨度 $l = 2200\text{mm}$，净跨 $l_0 = 2000\text{mm}$。纵向受拉钢筋为 3 根直径 12mm 的 HPB235 钢筋，架立筋为 2 根直径 6mm 的 HPB235 钢筋，纵向钢筋配筋率

$\rho_s=2.07\%$。实测屈服强度为 292.4MPa，考虑到研究的主要对象为构件加固后的抗弯性能，为防止因试验梁抗剪能力不足而引起的过早破坏，沿梁长度方向均匀配置了 $\phi6@100$ 箍筋，试验对比曲线见图 5-18、试验数据如表 5-2 所示。

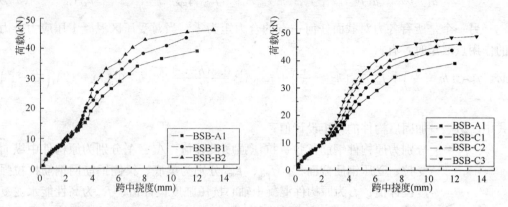

图 5-18　二次受力梁荷载—挠度对比曲线图

二次受力梁静力试验结果　　　　　　　　　　　　　表 5-2

试件编号	开裂荷载比值	屈服荷载比值	极限荷载比值	$P=34.0$kN 时的挠度值(mm)	挠度比值
BSB-A1	1.0	1.0	1.0	7.47	1.0
BSB-B1	1.07	1.10	1.11	6.53	0.87
BSB-B2	1.11	1.18	1.18	5.46	0.73
BSB-C1	1.07	1.12	1.13	6.25	0.87
BSB-C2	1.13	1.26	1.20	5.37	0.72
BSB-C3	1.16	1.32	1.25	4.72	0.63

从试验中可以看出，复合砂浆钢筋网加固使试件具有良好的抗裂性能，开裂荷载要大于相同配筋的普通钢筋混凝土结构，能够提供更好的使用性能。从表 5-2 中可以看出，开裂荷载有一定的提高，且随着钢筋网层数的增加和砂浆强度的提高，开裂荷载有相应提高的趋势。加固构件另外一个优点就是能提高构件的屈服荷载(受拉钢筋屈服时的荷载)，进而提高构件的抗弯刚度。从表 5-2 中可以看出，加固后试件的抗弯刚度有所提高，当荷载达到未加固试件 B1 的屈服荷载($P=34.0$kN)时，加固后试件挠度的对比值最大降低幅度为 37.0%，最小降低幅度为 13.0%。

对比梁和加固梁的荷载—跨中挠度对比图如图 5-18 所示。6 根试验梁都加载至试件原截面极限荷载设计值的 1/3 时进行不卸载加固处理。从图中可以看到，加固试件在给定荷载下，跨中挠度值均有所减小，曲线斜率都有不同程度的增大，可见试件的抗弯刚度都得到了提高。

2. 二次受力受弯构件正截面承载力计算公式

（1）滞后应变的计算

在二次受力问题中，加固材料同原钢筋混凝土构件相比较，存在较为明显的应力-应变滞后的现象，如何精确地计算出加固构件中加固材料(受拉区加固)的滞后应变值是解决问题的关键。滞后应变的计算可以按照下列公式计算：

$$\varepsilon_{s0} = \frac{M_{0k}}{0.87 E_s A_s h_0}$$ (5-5)

式中 ε_{s0} 为加固前在初始弯矩 M_{0k} 作用下原受拉钢筋的应变值；M_{0k} 为加固前受弯构件验算截面上由初始荷载标准值产生的弯矩；E_s 为原构件钢筋弹性模量；h_0——截面有效高度

（2）矩形截面二次受力正截面承载力计算

当初始荷载产生的弯矩大于原构件设计弯矩的 20％时，应按二次受力计算构件的正截面受弯承载力（图 5-19）。

对于图 5-19 的受力情况，可以建立两个静力平衡方程，一个是所有力在水平轴方向上的合力为零，即：

$$\alpha_1 f_c b x + 2\alpha_1 f_{mc} t_1 x = f_y A_s + f_{my} A_{sm} + f_{my1} A_{sm1} \frac{0.4(h-x)}{h} - f'_y A'_s$$ (5-6)

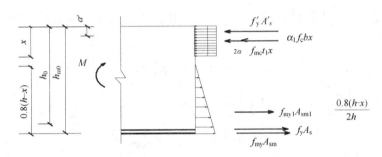

图 5-19　受弯构件二次受力正截面承载力计算简图

另一个是所有各力对截面任何一点的合力矩为零，当受压区混凝土压应力合力的作用点取矩时，有：

$$M \leqslant f_y A_s \left(h_0 - \frac{x}{2}\right) + f_{my} A_{sm} \left(h_{m0} - \frac{x}{2}\right) + f_{my1} A_{sm1} \frac{0.4(h-x)}{h} \cdot$$

$$\frac{(2.2h - 0.7x)}{3} + f'_y A'_s \left(\frac{x}{2} - a'\right)$$ (5-7)

式(5-6)、式(5-7)只适用于适筋构件的计算，不适合少筋构件和超筋构件的计算。考虑到加固构件基本都是承载力不够而需要加固，因此出现少筋的可能性几乎不存在，只要控制构件不要发生超筋破坏。为了防止将构件设计成超筋构件，要求构件截面的相对受压区高度不得超过其相对界限受压区高度。相对界限受压区高度可以根据截面平面变形等假定求出：

$$\xi'_b = \frac{\beta_1}{1 + \dfrac{f_{my}}{\varepsilon_{cu} E_{sm}} + \dfrac{\varepsilon_{sm0}}{\varepsilon_{cu}}}$$ (5-8)

当按式(5-7)、式(5-8)算得加固后混凝土受压区高度 x 与加固前原截面有效高度 h_0 的比值 x/h_0 大于原截面相对界限受压区高度系数时，此时的情况是原试件钢筋屈服，而底部钢筋网未屈服，其二次受力构件的正截面受弯承载力应按下列公式计算：

对于图 5-20 的受力情况，可以建立两个静力平衡方程，一个是所有各力在水平轴方向上的合力为零，即：

$$\alpha_1 f_c bx + 2\alpha_1 f_{mc} t_1 x = f_y A_s + E_{sm}\varepsilon_{sm1} A_{sm} + E_{sm1}\varepsilon_{sm1} A_{sm1}\frac{0.4(h-x)}{h} - f_y' A_s' \tag{5-9}$$

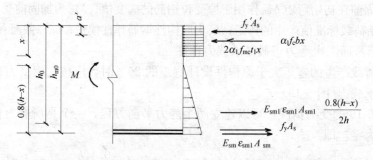

图 5-20　受弯构件二次受力底部加固钢筋网未屈服正截面承载力计算简图

另一个是所有各力对截面任何一点的合力矩为零，当受压区混凝土压应力合力的作用点取矩时，有：

$$M \leqslant f_y A_s\left(h_0 - \frac{x}{2}\right) + E_{sm}\varepsilon_{sm1} A_{sm}\left(h_{0m} - \frac{x}{2}\right) + E_{sm1}\varepsilon_{sm1} A_{sm1}\frac{0.4(h-x)}{h} \cdot$$

$$\frac{(2.2h-0.7x)}{3} + f_y' A_s'\left(\frac{x}{2} - a'\right) \tag{5-10}$$

式中

$$\varepsilon_{sm1} = \frac{0.8h-x}{x}\varepsilon_{cu} - \varepsilon_{sm0} \tag{5-11}$$

$$\varepsilon_{sm0} = \left(1.6\frac{h}{h_0} - 0.6\right)\varepsilon_{s0} \tag{5-12}$$

$$\varepsilon_{s0} = \frac{M_{0k}}{0.87 E_s A_s h_0} \tag{5-13}$$

式中 E_{sm1} 分别为梁侧钢筋网弹性模量；

ε_{sm}、ε_{sm1} 分别为梁底、梁侧钢筋网钢筋应变；

ε_{sm0} 为梁底部钢筋网的滞后应变。

三、结论

（1）从试验数据结果对比中我们可以看出水泥复合砂浆钢筋网薄层能很好的提高构件的抗弯刚度，能够有效的提高被加固梁的抗弯承载力。

（2）一次受力加固梁的计算时，基本按照现行国家标准《混凝土结构设计规范》GB 50010 规定的使用计算方法，在考虑侧面加固钢筋网的作用时，为简化计算采用矩形计算图形。

（3）二次受力加固梁的计算时，在考虑侧面加固钢筋网的作用时，为简化计算采用三角形计算图形。由于二次受力计算中受到原梁应力应变水平的影响，可能会遇到底部加固钢筋网不屈服的情况，此时要算出梁的滞后应变。由于二次受力计算中受到原梁应力应变水平的影响，与现行《混凝土结构设计规范》相比，受弯构件加固后相对界限受压区高度系数的计算也会发生变化，此部分还用于计算滞后应变。

第四节　HPFL加固混凝土结构斜截面承载力计算

一、试验研究数据分析[29]

1. 约束梁抗剪加固

为了反映连续梁和框架梁的斜截面抗剪加固问题（区别于简支梁），我们特地设计了约束梁进行抗剪加固研究。

表5-3反映的是该试验中设计制作的9根试件的情况。

约束梁抗剪加固试件试验结果表　　　　表5-3

试件编号	剪跨比	第一次加载程度(kN)	开裂荷载(kN)	开裂荷载提高幅度	破坏荷载(kN)	破坏荷载提高幅度
BSS-AA1	1.67	—	124.09	—	178.02	—
BSS-AA2	1.67	—	154.36	24.4%	264.20	48.4%
BSS-AA3	1.67	132.47	127.86	—	252.70	42.0%
BSS-AB1	0.83	—	141.51	—	248.15	—
BSS-AB2	0.83	—	187.96	32.3%	307.80	24.0%
BSS-AB3	0.83	118.12	—	—	299.90	20.9%
BSS-AC1	2.5	—	71.19	—	134.48	—
BSS-AC2	2.5	—	99.67	23.1%	230.02	71.0%
BSS-AC3	2.5	71.31	71.31	—	222.03	63.6%

约束梁抗剪加固中，各试件破坏时斜裂缝条数明显增多，宽度、裂缝间距明显变小，说明采用复合砂浆钢筋网进行抗剪加固效果良好，对斜裂缝的发展起到了很好的阻滞作用。从表5-3中可以看出，加固后试件的承载能力比未加固时有较明显的提高，一次受力加固试件的极限承载能力提高幅度分别为48.4%、24.0%、71.0%，二次受力加固试件的极限承载能力提高幅度分别为42.0%、20.9%和63.6%，同条件下一次受力比二次受力极限承载能力提高幅度要大，极限承载能力随着剪跨比的提高而提高。

2. 一点集中加载简支梁抗剪加固

表5-4反映的是该试验中设计制作的7根矩形截面试件的情况。

一点集中加载简支梁试验结果表　　　　表5-4

试件编号	开裂荷载(kN)	破坏荷载(kN)	破坏荷载对比	$V_{0.2}$荷载(kN)	$V_{0.2}$荷载对比	$V_{0.3}$荷载(kN)	$V_{0.3}$荷载对比
BSS-BA1	62.45	173.77	1.00	93.61	1.00	103.68	1.00
BSS-BB1	62.49	366.22	2.108	202.28	2.161	260.47	2.512
BSS-BB2	47.35	338.75	1.949	280.92	3.001	338.75	3.267
BSS-BC1	61.54	362.27	2.085	165.52	1.768	269.98	2.604
BSS-BC2	62.27	339.49	1.956	238.67	2.55	261.78	2.525
BSS-BD1	62.86	376.36	2.166	191.33	2.044	226.47	2.184
BSS-BD2	46.80	359.09	2.066	259.65	2.774	282.65	2.726

一点集中加载简支梁抗剪加固中，总体来看，加固明显提高了试件的刚度，从加载全过程可以看出，同一挠度水平下，加固梁的剪力值相对于对比梁都有一定程度的提高，这说明加固措施提高了加固梁截面的剪切刚度。从表5-4中可以看出，加固后试件的承载能力比未加固时有较明显的提高，一次受力加固试件的极限承载能力提高幅度分别为110.8%、108.5%、116.6%，二次受力加固试件的极限承载能力提高幅度分别为94.9%、95.6%、106.6%。同条件下一次受力比二次受力极限承载能力提高幅度要大，BSS-BB组与其他两组相比，虽然加固钢筋间距要密，但加固效果没有其他两组好，说明加固量有一定的限制。

3. 两点集中加载简支梁抗剪加固

表5-5反映的是试验中设计制作的12根矩形截面简支梁情况。

两点集中加载简支梁试验结果表 表5-5

试件编号	第一次加载程度(kN)	破坏荷载(kN)	破坏荷载对比	$V_{0.2}$荷载(kN)	$V_{0.2}$荷载对比	$V_{0.3}$荷载(kN)	$V_{0.3}$荷载对比
BSS-CA1	—	300.0	1.00	144.9		184.8	
BSS-CA2	—	528.5	1.76	410.2	2.831	469.1	2.538
BSS-CA3	—	415.2	1.38				
BSS-CA4	577.4	1.92		450.9	3.112	550.1	2.977
BSS-CB1	—	316.2	1.00	144.6		184.4	
BSS-CB2	—	394.2	1.25	211.0	1.459	251.6	1.364
BSS-CB3	96.7	406.1	1.28	102.0		—	
BSS-CC1	—	453.5	1.00	176.0		217.3	
BSS-CC2	—	480.0	1.06				
BSS-CC3	—	398.3	0.88				
BSS-CC4	218.7	567.0	1.25	167.3		218.7	—
BSS-CC5	204.7	416.6	0.92	177.4		204.7	—

两点集中加载简支梁抗剪加固中，从裂缝发展看，进行抗剪加固后，各试件破坏时斜裂缝条数明显增多，宽度、裂缝间距明显变小，说明采用复合砂浆钢筋网进行抗剪加固效果良好，对斜裂缝的发展起到了很好的阻滞作用。从表5-5中可以看出，加固后试件的承载能力比未加固时有较明显的提高，但是承载力提高的幅度不如前两种试验的幅度大，分析其原因，认为是试件在剪切破坏以前产生了端部锚固破坏或弯曲破坏，以至于试件没有达到抗剪强度。

二、试验结果与理论分析对比

抗剪理论分析中，钢筋混凝土受弯构件的抗剪承载力计算方法应考虑弯剪共同作用，运用软化桁架理论，取桁架—拱模型对高性能复合砂浆钢筋网加固的钢筋混凝土梁的抗剪承载力计算公式的进行了推导，并给出了承载力的简化计算公式。将数据代入理论公式计算，其结果与试验值的对比情况见表5-6。

理论与试验结果对比 表 5-6

试件编号	$\Delta V_u^e(kN)$	$\Delta V_u^l(kN)$	$\Delta V_u^e/\Delta V_u^l$	$V_u^e(kN)$	$V_u^l(kN)$	V_u^e/V_u^l
BSS-AA2	86180	94162	0.915	264200	1926778	1.371
BSS-AA3	74680	70027	1.066	252700	168574	1.499
BSS-AB2	59650	60723	0.982	307800	170471	1.806
BSS-AB3	51750	47842	1.082	299900	157579	1.903
BSS-AC2	95540	93833	1.018	230020	174755	1.316
BSS-AC3	87550	75824	1.155	222030	156612	1.418
BSS-BB1	158775	151187	1.050	302132	260106	1.162
BSS-BB2	136112	120713	1.128	279469	229632	1.217
BSS-BC1	155516	101930	1.526	298873	210849	1.417
BSS-BC2	136722	82369	1.660	280079	·191288	1.464
BSS-BD1	167140	132497	1.261	310497	241416	1.286
BSS-BD2	152892	102961	1.485	296249	211880	1.398
BSS-CA2	102000	116510	0.875	259000	235253	1.101
BSS-CA4	131500	127768	1.029	288500	246512	1.170

注：ΔV_u^e、ΔV_u^l分别为荷载增加的试验值和理论值；V_u^e、V_u^l分别为试件承载力的试验值和理论值。

BSS-A组的数据中，荷载增量的试验值和理论值比值最为接近，基本在10%内，但试件实际承载力比理论值高31.6%～91.3%，其原因是对比试件的试验值比理论值高出很多。BSS-B组的数据中，荷载增量的试验值比理论值高5.0%～66.0%，试件实际承载力比理论值高16.2%～46.4%。BSS-C组的数据中，仅少数荷载增量、试件实际承载力的试验值和理论值比值接近，其原因是试验中部分试件在剪切破坏以前出现了弯曲破坏或锚固破坏，试验中没有测到试件的抗剪极限荷载，此处部分试验数据已在公式中考虑。

试件承载力计算值与试验值的比较见图5-21，由图可见计算公式基本取到了试验点的下包线，而考虑二次受力更合理一些。

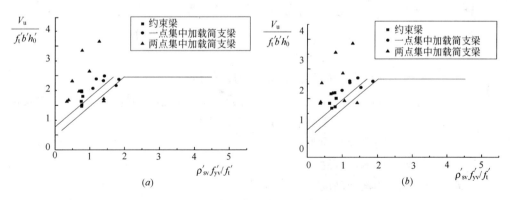

图 5-21 试件承载力计算值与试验值的比较
（a）不考虑二次受力；（b）考虑二次受力

三、梁的斜截面受剪承载力计算

梁的斜截面受剪承载力公式仅适用于剪压破坏情况，不适用于斜压破坏和斜拉破坏，考虑到加固后箍筋的配筋率不会很小，因此只对加固后的斜截面进行限制，受弯构件的最小截面尺寸应满足下列要求：

当 $h_w/b_1 \leqslant 4$ 时

$$V \leqslant 0.25\beta_c f_c b_1 h_{m0} \tag{5-14}$$

当 $h_w/b_1 \geqslant 6$ 时

$$V \leqslant 0.20\beta_c f_c b_1 h_{m0} \tag{5-15}$$

当 $4 < h_w/b_1 < 6$ 时，按线性内插法确定。

同时，为了避免加固后构件发生加固层的剥离破坏，钢筋网的间距与直径应符合下列规定：

$$s/d \geqslant 10 \tag{5-16}$$

式中 V——加固后构件的剪力设计值；

β_c——混凝土强度系数，按《混凝土结构设计规范》GB 50010 的规定采用；

f_c——原构件混凝土轴心抗压强度设计值；

h_w——截面的腹板高度，按《混凝土结构设计规范》GB 50010 的规定采用；

h_{m0}——加固后构件的截面有效高度；

b_1——加固后构件的截面宽度；

s——加固筋的间距；

d——加固筋的直径。

加固后受弯构件的斜截面受剪承载力可按下列公式计算：

$$V \leqslant V_u + V_{cm} \tag{5-17}$$

$$V_{cm} = 0.14\beta_2 \gamma f_{mc} t_0 h + 1.25\alpha_2 \gamma f'_{yv} \frac{A'_{sv}}{s_v} h_{m0} \tag{5-18}$$

$$\gamma = 1 - 0.3 \frac{V_{0k}}{V_u} \tag{5-19}$$

式中 V_u——原构件的抗剪承载力，按《混凝土结构设计规范》（GB 50010)的方法计算；

V_{cm}——复合砂浆钢筋网的抗剪承载力；

V_{0k}——加固前构件验算截面上由初始荷载标准值产生的剪力；

f'_{yv}——竖向加固筋的屈服强度；

f_{mc}——高性能水泥复合砂浆轴心抗压强度设计值；

A'_{sv}——配置在同一截面内竖向加固钢筋的面积，按《混凝土结构设计规范》（GB 50010)中箍筋面积的计算方法确定；

s'_v——竖向钢筋网穿孔间距；

t_0——加固层单侧的厚度；

h——原构件的截面高度；

α_2——加固钢筋抗剪承载力的影响系数，取 $\alpha_2 = 0.9$；

β_2——加固水泥复合砂浆抗剪承载力的影响系数，取 $\beta_2 = 0.5$；

γ——二次受力影响系数。

对集中荷载作用下(包括作用有多种荷载，其中集中荷载对支座截面或节点边缘所产生的剪力设计值占总剪力设计值的 75% 以上的情况)的独立梁，当按式(5-17)计算时，V_{cm}应按下式计算：

$$V_{cm} = \beta_2 \gamma \frac{0.4}{\lambda + 1.5} f_{mc} t_0 h + \alpha_2 \gamma \xi_\lambda f'_{yv} \frac{A'_{sv}}{s_v} h_{m0} \tag{5-20}$$

式中　ξ_λ——剪跨比λ影响系数，当$\lambda \geq 1.5$时，$\xi_\lambda = 1$；当$\lambda \leq 1.5$时，$\xi_\lambda = \dfrac{\lambda}{1.5}$；

　　　λ——计算截面的剪跨比，按《混凝土结构设计规范》（GB 50010）规定的方法计算。

加固后偏心受压构件的斜截面受剪承载力应按下列公式计算：

$$V \leq V_u + V_{cm} \tag{5-21}$$

$$V_{cm} = \beta_2 \gamma \frac{0.4}{\lambda + 1.5} f_{mc} t_0 h + \alpha_2 \gamma \xi_\lambda f'_{yv} \frac{A'_{sv}}{s_v} h_{m0} + 0.07 \Delta N \tag{5-22}$$

式中　λ——偏心受压构件计算截面的剪跨比，按《混凝土结构设计规范》（GB 50010）规定的方法计算；

　　　ΔN——偏心受压构件增加的受压承载力，是由正截面受压承载力的计算值减去原构件实际压力得到。

对受剪截面的限制仍按照现行国家标准《混凝土结构设计规范》（GB 50010）规定，增加了加固钢筋的间距与直径比值的限制，即$s/d \geq 10$。

加固后构件的斜截面抗剪承载力计算分为两部分，对于原构件仍按照国家现行标准《混凝土结构设计规范》（GB 50010）规定计算，加固部分的计算考虑了加固复合砂浆、竖向加固筋对承载力的贡献，同时根据试验数据的统计给出了二次受力影响系数γ。

四、结论

通过对湖南大学课题组抗剪加固研究的分析，对约束梁、一点集中加载简支梁和两点集中加载简支梁试验数据进行了研究。结论表明各加固试件破坏时斜裂缝条数明显增多，裂缝宽度、裂缝间距明显变小，说明采用复合砂浆钢筋网进行抗剪加固效果良好，对裂缝的发展起到了很好的阻滞作用。加固后试件的承载能力比未加固时有较明显的提高，同条件下一次受力比二次受力极限承载能力提高幅度要大。抗剪加固明显提高了试件的刚度，从加载全过程可以看出，同一挠度水平下，加固梁的剪力值相对于对比梁都有一定程度的提高，这说明加固措施提高了加固梁截面的剪切刚度。

在此基础上介绍了《高性能水泥复合砂浆钢筋网加固混凝土结构技术规程》这一标准关于复合砂浆钢筋网加固混凝土结构抗剪承载力的计算公式，并结合工程计算实例加以说明，便于以后业内人士参考于实际工程的计算。

第五节　HPFL加固钢筋混凝土梁裂缝宽度及刚度计算

HPFL加固方法是利用高性能复合砂浆优良的物理力学性能以及优良的粘结作用，使得该加固砂浆薄层与原构件具有较好的整体工作性能。HPFL加固能抑制钢筋混凝土梁裂缝的产生和发展、有效提高抗弯刚度，原梁一次受力后，梁的裂缝和挠度有不同程度的发展，梁的截面刚度随着所加荷载的增加会有所降低。加固梁高性能复合砂浆覆盖了原有裂缝，梁截面刚度会有明显的提高，加固后梁表面的裂缝发展及截面刚度与对比梁会有所不同，加固梁的裂缝总体呈现出"细而密"的特点。

　　结构设计和加固设计不仅要解决结构承载力设计问题，而且要解决结构构件的适用性和耐久性问题，对于使用上要控制变形和裂缝的结构构件除了要进行临近破坏阶段的承载力计算外，还要进行正常情况下的变形和裂缝验算。本文结合《高性能水泥复合砂浆钢筋网加固混凝土结构技术规程》中的计算公式，对用 HPFL 加固的钢筋混凝土梁的裂缝与挠度试验数据进行分析，并根据工程计算实例，阐述了如何计算用 HPFL 加固梁的裂缝与刚度，对实际加固工程具有指导意义。

一、裂缝宽度计算公式介绍及裂缝试验数据分析

1. 裂缝宽度计算公式介绍

　　HPFL 加固梁最大裂缝宽度计算公式，在三面或四面采用高性能水泥复合砂浆钢筋网加固的矩形和 T 形截面的钢筋混凝土轴心受拉和受弯构件中，按荷载效应的标准组合并考虑长期作用影响的最大裂缝宽度（mm），可按下列公式计算：

$$w_{\max} = \alpha_{\mathrm{cr}} \psi \frac{\sigma_{\mathrm{sk}}}{E_{\mathrm{s}}} \left(1.9c + 0.05 \frac{d_{\mathrm{eq}}}{\rho_{\mathrm{te}}} \right) \tag{5-23}$$

$$\psi = 1.1 - \frac{0.65 f_{\mathrm{tk}}}{\rho_{\mathrm{te}} \sigma_{\mathrm{sk}}} \tag{5-24}$$

$$d_{\mathrm{eq}} = \frac{\sum n_i d_i^2}{\sum n_i v_i d_i} \tag{5-25}$$

$$\rho_{\mathrm{te}} = \frac{A_{\mathrm{so}}}{A_{\mathrm{te}}} \tag{5-26}$$

$$A_{\mathrm{so}} = A_{\mathrm{s}} + \frac{E_{\mathrm{sm}}}{E_{\mathrm{s}}} \left(\frac{h + 0.5d}{h_0} A_{\mathrm{sm}} + 0.68 A_{\mathrm{sml}} \right) \tag{5-27}$$

$$\sigma_{\mathrm{sk}} = \frac{M_{\mathrm{k}}}{0.87 h_0 A_{\mathrm{so}}} \tag{5-28}$$

　　以上各式中：α_{cr} 指构件受力特征系数，对受弯构件取 2.1，对轴心受拉构件取 2.7；ψ 指裂缝间纵向受拉钢筋应变不均匀系数：当 $\psi < 0.2$ 时，取 $\psi = 0.2$；当 $\psi > 1$ 时，取 $\psi = 1$；对直接承受重复荷载的构件，取 $\psi = 1$；f_{tk} 指水泥复合砂浆轴心抗拉强度标准值；σ_{sk} 指按荷载效应的标准组合计算的被加固钢筋混凝土构件中，加固用纵向受拉钢筋的应力；E_{s} 指原梁纵向钢筋弹性模量；c 指加固用最外层纵向受拉钢筋外边缘至受拉区底边的距离（mm）：当 $c < 20$ 时，取 $c = 20$；当 $c > 65$ 时，取 $c = 65$；ρ_{te} 指按加固后有效受拉混凝土截面面积计算的纵向受拉钢筋配筋率；在最大裂缝宽度计算中，当 $\rho_{\mathrm{te}} < 0.01$ 时，取 $\rho_{\mathrm{te}} = 0.01$；$h$ 指原梁梁高；h_0 指原梁有效高度；A_{te} 指有效受拉混凝土截面面积，对轴心受拉构件，取加固后构件截面面积；A_{so} 指加固后截面的换算钢筋面积；d_{eq} 指受拉区纵向钢筋的等效直径（mm）；A_{sm} 指钢筋网片中梁底纵向受拉钢筋的截面面积；A_{sml} 指钢筋网片中梁侧纵向加固钢筋的截面面积；d 指梁底纵向加固钢筋直径；d_i 指受拉区第 i 种纵向钢筋的公称直径（mm）；n_i 指受拉区第 i 种纵向钢筋的根数；v_i 指受拉区第 i 种纵向钢筋的相对粘结特性系数，对光面钢筋取 0.7，对带肋钢筋取 1.0。

公式(5-23)中 1.9 表示的是"无滑移理论"中考虑构件表面至钢筋的距离对裂缝间距的影响；$0.05d_{eq}/\rho_{te}$ 是为修正"无滑移理论"中钢筋界面上相对移动和裂缝宽度为零的假定，考虑"粘结—滑移"的影响而引入的。"粘结—滑移"理论认为混凝土受拉裂缝之间的间距主要取决于混凝土的抗拉强度，钢筋的配筋率与直径及两者之间的平均粘结应力等。加固梁中对裂缝的发展起到主要影响的钢筋有：位于最下方的纵向钢筋(即梁底加固纵筋)和原底纵筋，对于一般的采用本规程加固方法，加固纵筋的直径要远小于原底纵筋，这和普通钢筋混凝土双层配筋梁有所区别；而加固纵筋与复合砂浆之间的粘结机理和原底纵筋与混凝土之间的粘结作用有一定区别，这将直接影响到加固梁钢筋与混凝土、砂浆之间粘结应力的分布；试验过程中，对于非剥离破坏的受弯构件，构件的纯弯区段的受拉裂缝分布总体呈现出"细而密"的特点。所以，综合以上分析，通过根据对试验结果的拟合，在加固梁裂缝平均间距计算公式中将《混凝土结构设计规范》GB 50010 式(8.1.2-1)中系数 0.08 调整为 0.05。

在荷载效应的标准组合下，加固后钢筋混凝土构件受拉区加固用纵向钢筋的应力可按下列公式计算：

轴心受拉构件：
$$\sigma_{sk} = \frac{N_k - N_{0k}}{A_{so}} \tag{5-29}$$

受弯构件：
$$\sigma_{sk} = \frac{M_k - M_{0k}}{0.87h_{0m}A_{so}} \tag{5-30}$$

式中 N_k 指按荷载效应的标准组合计算的加固后构件的轴向力；N_{0k} 指加固前构件验算截面上由初始荷载标准值产生的轴向力；A_{so} 指加固后截面的换算钢筋面积；M_k 指按荷载效应的标准组合计算的加固后构件的弯矩值；M_{0k} 指加固前构件验算截面上由初始荷载标准值产生的弯矩；h_{0m} 指加固后构件的截面有效高度。

在荷载效应的标准组合和准永久组合下，抗裂验算加固后边缘修补砂浆的法向应力应按下列公式计算：

轴心受拉构件：
$$\sigma_{ck} = (N_k - N_{0k})/A_{ct} \tag{5-31}$$
$$\sigma_{cq} = (N_q - N_{0k})/A_{ct} \tag{5-32}$$

受弯构件：
$$\sigma_{ck} = (M_k - M_{0k})/W_{ct} \tag{5-33}$$
$$\sigma_{cq} = (M_q - N_{0k})/W_{ct} \tag{5-34}$$

式中　N_q、M_q——按荷载效应的准永久组合计算的加固后构件的轴向力值、弯矩值；

A_{ct}——加固构件用砂浆换算截面面积；

W_{ct}——加固构件用砂浆换算截面受拉边缘的弹性抵抗矩。

2. 裂缝试验数据分析

试验测得加固梁的裂缝为加固层水泥复合砂浆表面的裂缝情况。加固前原梁因一次受力加载幅度不同，最大裂缝宽度达到 $0.1\sim0.2$mm 不等。加固梁曲线的曲率是通过一个区域缓慢减小而不是一个点发生突变减小。由于荷载作用下产生的最大裂缝宽度难以准确计算，且实际工程中只需控制使用荷载作用下的最大裂缝宽度不超过规定的限值即能满足正常使用阶段对抗裂性能的要求，并且加固措施可以覆盖和填充原构件的裂缝，所以，加固梁最大裂缝宽度的计算忽略原梁裂缝开展的影响，直接采用加固后的构件计算高性能水泥复合砂浆层表面底部受拉钢筋位置处最大裂缝宽度。试验数据表明，由于加固后梁的承载力提高较大，当 M_k/M_u 在 0.5～0.7 时，加固梁的最大裂缝宽度不超过 0.3mm。（注：M_k 表示使用荷载标准值，M_u 表示梁破坏时达到的极限荷载，余同。）

加固梁 B9、B11、B14 裂缝最大宽度按式(5-33)计算值和实测值见表 5-7。加固梁最大裂缝宽度计算值受力开始时大于实测值，然后慢慢趋近于实测值，受力后期，计算值都将小于实测值。M_k/M_u 在 0.8 前计算值大于实测值，应用本文公式(5-23)计算加固梁最大裂缝宽度偏于保守。

最大裂缝宽度计算值和实测值　　　　表 5-7

B9			B11			B14		
M_k/M_u	w_{max}(mm)	$w_{max, t}$(mm)	M_k/M_u	w_{max}(mm)	$w_{max, t}$(mm)	M_k/M_u	w_{max}(mm)	$w_{max, t}$(mm)
0.15	0.02		0.15	0.03		0.15	0.01	
0.26	0.07		0.29	0.09		0.25	0.06	
0.32	0.12		0.34	0.11		0.35	0.10	
0.39	0.15		0.38	0.14	0.02	0.4	0.12	
0.45	0.16		0.43	0.16	0.03	0.43	0.14	
0.49	0.18	0.03	0.48	0.19	0.06	0.5	0.15	
0.54	0.21	0.04	0.53	0.21	0.08	0.54	0.16	
0.58	0.23	0.06	0.58	0.24	0.09	0.59	0.18	0.02
0.63	0.25	0.11	0.63	0.26	0.12	0.64	0.2	0.04
0.67	0.28	0.11	0.68	0.29	0.19	0.68	0.21	0.05
0.72	0.3	0.11	0.72	0.31	0.3	0.73	0.23	0.06
0.82	0.36	0.3	0.82	0.36	0.62	0.82	0.27	0.25
0.88	0.39	0.37	0.87	0.39	0.8	0.86	0.28	0.3
0.91	0.41	0.75	0.92	0.42	1.2	0.91	0.3	0.38
0.97	0.44	0.85	0.96	0.44	1.3	0.95	0.32	0.5
1	0.45		1	0.46		1	0.33	

注：w_{max} 表示最大裂缝宽度计算值；$w_{max, t}$ 表示最大裂缝宽度实测值

二、刚度计算公式介绍及挠度试验数据分析

1. 刚度计算公式介绍

采用高性能水泥复合砂浆钢筋网加固的钢筋混凝土受弯构件在正常使用极限状态下的挠度为原构件在实际静荷载作用下产生的挠度与构件加固后在新增荷载作用下产生的挠度之和，原构件在实际静荷载作用下产生的挠度，可按《混凝土结构设计规范》GB 50010 第 8.2 节的有关规定计算；构件加固后在新增荷载作用下产生的挠度可根据本规程给出的加固后构件的刚度用结构力学方法计算。

在等截面构件中，可假定各同号弯矩区段内的刚度相等，并取用该区段内最大弯矩处的刚度。当计算跨度内的支座截面刚度不大于跨中截面刚度的两倍或不小于跨中

截面刚度的二分之一时，该跨也可按等刚度构件进行计算，其构件刚度可取跨中最大弯矩截面的刚度。

加固后受弯构件的挠度应按荷载效应标准组合并考虑荷载长期作用影响的刚度 B 进行计算，所求得的挠度计算值不应超过《混凝土结构设计规范》GB 50010 中规定的限值。

加固后矩形和 T 形截面受弯构件的刚度，可按下式计算：

$$B = \frac{M_k - M_{0k}}{(M_q - M_{0k})(\theta - 1) + (M_k - M_{0k})} B'_s \tag{5-35}$$

式中 B——加固后矩形和 T 形截面受弯构件的刚度；

M_k——按荷载效应的标准组合计算的加固构件的弯矩，取计算区段内的最大弯矩值；

M_q——按荷载效应的准永久组合计算的弯矩，取计算区段内的最大弯矩值；

M_{0k}——加固前构件验算截面上由初始荷载标准值产生的弯矩，取计算区段内的最大弯矩值；

B'_s——荷载效应的标准组合作用下加固后构件的短期刚度，按式(5-36)计算；

θ——考虑荷载长期作用对挠度增大的影响系数，当 $\rho' = 0$ 时，取 $\theta = 2.0$；当 $\rho' = r$ 时，取 $\theta = 1.6$；当 ρ' 为中间数值时，θ 按线性内插法取用；

在原梁配筋率相同的情况下，加固梁的抗弯性能比对比梁有不同程度的提高。分析发现原梁一次加载幅度对加固梁二次受力时的截面刚度提高影响明显。一次受力幅度越高，原梁的初始挠度就越大，初始裂缝越宽，则加固后梁的截面刚度提高幅度越低，在相同荷载，相同配筋率的情况下，梁的变形越大。梁在不卸载情况下进行加固，加固梁的截面刚度计算须考虑原梁一次受力达到的荷载水平，对梁的截面刚度计算引进折减系数 λ'。本文在现行规范的基础上推荐高性能水泥复合砂浆钢筋网加固混凝土受弯构件的加固梁截面短期刚度计算公式如下：

$$B'_s = \frac{\lambda' E_s A_{so} h_0^2}{1.15\psi + 0.2 + \dfrac{6\alpha_E \rho}{1 + 3.5\gamma'_f}} \tag{5-36}$$

$$\rho = \frac{A_{so}}{b_1 h_0} \tag{5-37}$$

$$\alpha_E = \frac{E_s}{E_c} \tag{5-38}$$

式中 E_s——原梁钢筋弹性模量；

E_c——原梁混凝土弹性模量；

b_1——加固后梁的截面宽度；

λ'——加固梁截面刚度折减系数，按表 5-8 的规定采用。

加固梁截面刚度折减系数 λ'　　　　　　　　　　　　　　表 5-8

M_0/M_u	20%	30%	50%	70%
λ'	0.55	0.50	0.40	0.30

注：M_0 为加固时梁承受的初始弯矩；M_u 为原梁极限弯矩；M_0/M_u 为其他值时按插值法计算

2. 挠度试验数据分析

二次受力加固梁总挠度可用一次加载和二次加载叠加的方法，第一部分挠度为一次加载时的实测挠度和理论计算挠度，计算时用现行规范公式计算；第二部分为加固后实测挠度和计算挠度，计算时按加固后截面计算截面刚度，并进行刚度折减后计算梁挠度值。加固梁挠度计算值为两部分计算挠度值之和。本课题组还未进行荷载长期作用下的试验研究，因此长期刚度的计算仍按照原有混凝土结构设计规范计算。加固梁 B6、B13、B18 的挠度实测值与计算值见表 5-9。

梁跨中挠度计算值和实测值　　　　　　　　　　　　　表 5-9

B6			B13			B18		
M_k/M_u	a_f(mm)	$a_{f,t}$(mm)	M_k/M_u	a_f(mm)	$a_{f,t}$(mm)	M_k/M_u	a_f(mm)	$a_{f,t}$(mm)
0.10	1.50	1.24	0.10	1.50	1.24	0.10	2.2	1.36
0.18	3.37	2.95	0.26	8.35	7.83	0.25	7.35	6.53
0.22	4.56	3.52	0.34	11.55	11.52	0.35	10.65	10.52
0.27	6.41	4.36	0.38	12.73	12.71	0.38	12.73	12.71
0.32	8.28	7.25	0.43	14.9	14.13	0.43	14.9	14.13
0.38	10.15	8.93	0.48	15.96	15.89	0.57	18.83	18.47
0.43	12.03	10.68	0.53	17.71	17.54	0.62	21.42	20.81
0.5	14.52	12.87	0.58	20.45	19.65	0.67	22.04	21.95
0.57	16.95	15.29	0.63	23.15	21.49	0.71	23.60	23.20
0.63	19.33	18.07	0.68	25.89	25.03	0.76	26.26	26.05
0.69	21.20	20.93	0.72	28.58	30.14	0.81	29.58	30.28
0.76	23.61	22.51	0.77	31.22	34.10	0.86	33.03	35.79
0.83	26.12	25.09	0.82	33.95	42.68	0.90	36.51	45.20
0.89	28.34	31.72	0.87	36.63	53.90	0.93	38.21	53.95
0.93	29.79	41.19	0.92	39.49	72.91	0.95	39.94	60.02
0.97	31.23	57.51	0.96	41.97	81.71	0.98	41.59	71.01

注：a_f 表示跨中挠度计算值；$a_{f,t}$ 表示跨中挠度实测值

由试验数据分析表明，加固梁跨中挠度实测值和计算值吻合较好，当 M_k/M_u 在 0.7 之前变化时，加固梁的理论计算挠度大于实测挠度，且加固梁的理论计算挠度不超过梁抗弯挠度限值。

结论：

(1) 当初始荷载设计值作用下的效应大于或等于原构件承载力设计值的 20% 时，应考虑二次受力影响的计算；当初始荷载设计值作用下的效应大于或等于原构件承载力设计值的 70% 时，应考虑卸载或部分卸载后，再进行加固设计；

(2) 本节阐述的加固梁最大裂缝宽度公式试验值与理论公式计算值吻合较好；加固梁的截面刚度随着一次受力幅度的不同，二次受力的截面刚度会有不同程度的折减。采用本文阐述的刚度计算简化公式计算值求得的挠度与试验值吻合较好，可以用于计算加固梁的截面刚度；

（3）通过加固工程计算实例，详细地介绍了本文所阐述公式的实际应用，为这种加固技术在混凝土结构加固领域的应用提供了参考。

第六节 HPFL 加固混凝土柱正截面受压承载力计算

一、设计计算的一般规定

（1）当初始荷载设计值作用下的效应大于或等于原构件承载力设计值的 20％时，应考虑二次受力影响的计算；

（2）当初始荷载设计值作用下的效应大于或等于原构件承载力设计值的 70％时，应考虑卸载或部分卸载后，再进行设计；

（3）采用的结构分析方法应遵守现行国家标准《混凝土结构设计规范》（GB 50010)规定的结构分析基本原则。一般情况下，应采用线弹性方法计算结构的作用效应。

二、轴心受压构件正截面承载力计算

对 HPFL 加固的 18 根轴压圆柱和 18 根轴压方柱进行了单调加载试验研究和理论分析，揭示了加固层对柱各项性能改善或增强的作用机理：轴压柱加固层中的复合砂浆及纵向网筋间接分担轴力、其横向网筋对柱混凝土提供有效约束。这一作用机理使加固柱的承载力、峰值应变与极限应变、延性都得到了显著提高，使加固柱的裂缝分布由原柱的疏而宽变得密而细，使加固柱的极限破坏形态由原柱的脆性破坏转变为延性破坏，使加固柱的刚度有不同程度的提高，主要试验结果见表 5-10、表 5-11。

圆柱主要试验结果 表 5-10

试件名称	f_{cu} (MPa)	ρ_t (%)	f_{cr} (MPa)	n_{cr}	f'_{cc} (MPa)	n_c	ϵ'_{cc} $\times 10^{-6}$	n_ϵ	$\frac{f_{cr}}{f'_{cc}}$
C1	31.42	—	22.51	1	27.18	1	1014	1	0.86
C2	31.61	0	23.78	1.11	28.30	1.04	1135	1.12	0.84
C3	32.44	0.16	26.04	1.21	32.72	1.20	2598	2.56	0.80
C4	33.65	0.33	28.31	1.32	38.50	1.42	3100	3.06	0.74
C5	33.65	0.33	28.31	1.32	36.23	1.33	2375	2.34	0.78
C6	32.71	0.49	30.57	1.42	41.90	1.54	1848	1.82	0.73
C7	33.11	0.66	35.10	1.63	44.16	1.62	3078	3.04	0.79
C8	34.47	0.84	30.57	1.42	54.35	2.00	3861	3.81	0.73
C9	33.54	1.34	35.10	1.63	60.01	2.21	4159	4.10	0.58
D1	53.42	—	32.37	1	37.37	1	1113	1	0.87
D2	52.67	0	38.38	1.03	38.38	1.03	1650	1.48	1

续表

试件名称	f_{cu} (MPa)	ρ_t (%)	f_{cr} (MPa)	n_{cr}	f'_{cc} (MPa)	n_c	ε'_{cc} $\times 10^{-6}$	n_ε	$\dfrac{f_{cr}}{f'_{cc}}$
D3	54.14	0.16	39.97	1.07	39.47	1.07	3736	3.36	1
D4	54.27	0.33	43.03	1.15	50.84	1.36	2684	2.41	0.85
D5	53.71	0.33	43.03	1.15	51.41	1.38	3350	3.01	0.84
D6	54.27	0.49	45.29	1.21	53.22	1.42	4101	3.68	0.85
D7	54.17	0.66	45.29	1.21	55.48	1.48	3376	3.03	0.85
D8	53.22	0.84	44.76	1.20	62.28	1.67	2577	2.32	0.72
D9	53.92	1.34	43.03	1.15	72.47	1.94	3080	2.77	0.59

注：以上表中，f_{cu}—实测混凝土立方体抗压强度平均值；ρ_t—横向网筋体积配筋率；f_{cr}—柱初裂时轴向压应力；n_{cr}—各柱与未加固柱初裂时柱轴向压应力之比值；f'_{cc}—实测峰值轴压应力，即抗压强度；n_c—各柱与未加固柱峰值压应力之比值；ε'_{cc}—对应峰值应力的核心柱纵向应变，即峰值应变；n_ε—各柱与未加固柱峰值应变之比值。

用 HPFL 加固 RC 方柱不如加固 RC 圆柱的效果显著，其主要原因是加固层对方柱提供的是强弱极不均匀的约束作用。尽管方柱所受 HPFL 的约束作用是不均匀的，但从表 5-11 仍可总结出许多与前述被加固圆柱相类似的结论。

对于 HPFL 加固的混凝土柱承载力分析，作如下基本假定：①变形后截面仍保持平截面；②不考虑加固层与混凝土之间的相对滑移；③加固层对混凝土柱的径向约束应力仅由横向网筋来提供；④忽略原柱间距为 150mm 以上的箍筋的约束作用。

方柱主要试验结果　　　　　　　　　　　　　　　　表 5-11

试件名称	f_{cu} (MPa)	ρ_t (%)	f_{cr} (MPa)	n_{cr}	f'_{cc} (MPa)	n_c	ε'_{cc} $\times 10^{-6}$	n_ε
A1	52.52	—	12.30	—	31.23	1	1548	1
A2	52.72	0	16.10	1.31	31.89	1.02	1695	1.09
A3	53.41	0.16	17.99	1.46	33.29	1.08	2203	1.42
A4	53.77	0.33	23.67	1.92	36.63	1.17	2945	1.90
A5	54.07	0.33	23.67	1.92	35.68	1.14	3310	2.14
A6	53.91	0.49	29.35	2.39	38.52	1.23	4072	2.63
A7	52.55	0.66	31.24	2.54	39.00	1.25	2958	1.91
A8	53.94	0.84	36.92	3.00	48.37	1.55	4311	2.78
A9	54.71	1.34	36.92	3.00	48.94	1.57	5566	3.60
B1	64.41	—	10.41	1	35.68	1	1437	1
B2	63.97	0	17.99	1.72	39.47	1.11	2456	1.71
B3	63.27	0.16	17.99	1.72	40.42	1.13	2888	2.01
B4	62.57	0.33	23.67	2.27	44.20	1.24	2895	2.01
B5	62.57	0.33	21.78	2.09	39.85	1.12	3422	2.38
B6	64.81	0.49	29.35	2.82	46.10	1.29	4364	3.04
B7	63.47	0.66	29.35	2.82	45.62	1.28	4054	2.82
B8	63.97	0.84	31.24	3.00	47.52	1.33	3866	2.69
B9	64.04	1.34	36.92	3.55	50.83	1.42	5966	4.15

注：表 5-11 中符号同表 5-10

轴心受压构件加固后的正截面承载力设计值由三部分组成：原柱未加固时承担的轴向压力设计值 N_1、加固层承担的轴向压力设计值 N_2 和原柱混凝土因受加固层约束作用承担的轴向压力设计值 N_3。

由于柱端部钢筋网在梁底处断开，加固层未直接受压，其承担的轴向压力由粘结面上的剪应力传递获得。试验研究结果表明，构件破坏时加固层轴向压应变为砂浆峰值应变的 30%～40%。故近似取加固层抗压强度有效利用系数为 0.3。对于加固中小截面柱，这部分贡献不可忽略。

加固层对矩形截面柱或方柱混凝土的约束作用或侧向弹性支承作用是不均匀的，这是由于这种弹性支承本身抗弯刚度在各处是不均匀的，即在柱侧平面处比在棱角处的抗弯刚度小。尽管柱棱角处经过倒角处理，但是加固层在棱角区域相对于侧平面中部仍然形成了应力集中，故应考虑径向有效约束率 k_e。且 k_e 随柱截面边长和长宽比的增大以及倒角圆弧半径的减小而降低。对于圆形截面柱及由矩形截面柱加固而成的圆形截面柱，$k_e=1$。对于矩形截面柱，径向有效约束率按下式计算：

$$k_e = \frac{A_e}{A_c} \tag{5-39}$$

$$A_e = A_c - \frac{(b-2r)^2 + (h-2r)^2}{3} \tag{5-40}$$

径向有效约束应力仅由横向网筋提供，按下式计算：

$$\sigma_r = \frac{1}{4} k_e \psi_0 f_{yh} \rho_t \quad \text{（圆形截面柱）} \tag{5-41}$$

$$\sigma_r = \frac{1}{2(b+h)} k_e \psi_0 f_{yh} b \rho_t \quad \text{（矩形截面柱以及由此加固成的圆柱）} \tag{5-42}$$

轴心受压构件正截面承载力应按下列公式计算：

$$N \leqslant 0.9(N_1 + N_2 + N_3) \tag{5-43}$$

$$N_1 = f_c A_c + f'_y A'_s \tag{5-44}$$

$$N_2 = k\mu[f'_{ye} A'_{se} + f_{mc}(\pi D t_m - A'_{se})] \quad \text{（圆柱）} \tag{5-45}$$

$$N_2 = k\mu\{f'_{ye} A'_{se} + f_{mc}[2t_m(b+h) - A'_{se}]\} \quad \text{（矩形截面柱或方柱）} \tag{5-46}$$

$$N_2 = k\mu[f'_{ye} A'_{se} + f_{mc}(3.14R^2 - bh - A'_{se})] \quad \text{（方柱加固成圆柱）} \tag{5-47}$$

$$N_3 = 4\mu\sigma_r A \tag{5-48}$$

对于轴心受压加固柱，按上式计算的构件受压承载力设计值不应大于按《混凝土结构设计规范》(GB 50010)计算的构件受压承载力设计值的 1.3 倍。此外，当遇到下列两种情况时，不应计入横向钢筋网的影响，即取 $N_3=0$。

① 当柱加固后长细比 $\frac{l_0}{D+2t_m} > 12$ 或 $\frac{l_0}{b+2t_m} > 14$ 时；

② 当横向钢筋网的体积配筋率 ρ_t 小于 0.16% 时。

三、偏心受压构件正截面承载力计算

针对工程上常见的方形（或矩形）截面柱构件设计制作了共 13 根端部带牛腿的近似足尺柱试件，除了其中的 4 根不作加固而用作对比试件外，先对其中的 5 根进行一次受力加固的偏心受压试验研究，进而对其进行理论分析，在此基础上建立一次受力加固柱的极限承载力计算公式和承载力相关曲线及其公式。各柱主要试验结果如表5-12。

HPFL对偏压柱的加固作用机理为：受拉侧纵向网筋参与受拉（被加固的大偏压柱比被加固的小偏压柱所受该作用大）；受压侧纵向网筋和砂浆参与受压；受压侧的横向网筋能有效的约束混凝土的横向膨胀变形（被加固的小偏压柱比被加固的大偏压柱所受该作用大）；横向网筋特别是端部加密了的横向网筋还起到了锚固纵向网筋的作用，阻止了受拉侧和受压侧加固层的粘结滑移而迫使其协同变形而参与工作。

试验研究和理论分析发现了原柱一次受力应力水平指标β与加固层应变滞后程度对加固柱主要性能指标的影响规律。β值越小，达到峰值点荷载时其加固层强度利用越充分因而使承载力提高幅度越大；在β不太大（约小于0.7）的前提下，由于加固层滞后的应变发展使二次受力加固柱比一次受力加固柱的延性改善更加明显；加固层开裂时间比一次受力加固柱的加固层开裂时间要晚。

一次受力加固和二次受力加固主要试验结果对比表　　　　　　　　　　　　表 5-12

柱分组及编号		e_0 (mm)	f_{cu} (MPa)	f_c (MPa)	加固方案	β	N_1 (kN)	N'_{cr} (kN)	N'_u (kN)	n	Δ (mm)	μ_Δ
A组	Col-1	135	58.6	35.5	未加固	—	—	600	1380	1.00	4.86	1.34
	Col-2	135	55.9	35.5	一次受力加固	—	—	600	1550	1.12	3.13	2.69
	Col-2′	135	57.7	35.5	二次受力加固	0.78	1080	1140	1430	1.03	4.45	2.91
B组	Col-3	135	66.0	41.5	未加固	—	—	600	1420	1.00	3.87	1.27
	Col-4	135	65.8	41.5	一次受力加固	—	—	600	1600	1.12	2.61	2.70
	Col-4′	135	66.8	41.5	二次受力加固	0.56	800	1000	1560	1.09	2.71	2.84
C组	Col-5	60	57.2	35.5	未加固	—	—	2180	2450	1.00	1.07	0
	Col-6	60	58.3	35.5	一次受力加固	—	—	2100	2900	1.18	2.10	2.99
	Col-6′	60	57.2	35.5	二次受力加固	0.50	1300	2480	2680	1.09	0.66	5.48
D组	Col-7	60	65.4	41.5	未加固	—	—	2300	2700	1.00	2.77	0
	Col-8	60	66.0	41.5	素砂浆加固	—	—	2260	2680	0.99	3.25	2.42
	Col-9	60	65.1	41.5	一次受力加固	—	—	2100	3100	1.14	1.72	4.81
	Col-9′	60	67.0	41.5	二次受力加固	0.60	1600	2520	3029	1.12	1.68	4.88

表5-12中N'_{cr}为开裂荷载；N'_u为最大轴向压力；n为各组试件中加固试件与未加固的对比试件承载力之比；Δ为最大荷载时的跨中挠度；μ_Δ为位移延性系数，定义为最大荷载下降15%时对应的跨中挠度与最大荷载值对应的跨中挠度的比值。

加固层钢筋网强度利用系数μ应按以下规定确定：

$$\beta = N_1/N_0 \tag{5-49}$$

$$\text{当}\ \beta \leqslant 0.3\ \text{时}, \quad \mu = 1$$

$$\text{当}\ 0.3 < \beta < 0.9\ \text{时}, \quad \mu = \frac{5}{3}(0.9 - \beta) \tag{5-50}$$

$$\text{当}\ \beta \geqslant 0.9\ \text{时}, \quad \mu = 0$$

被加固的矩形截面偏心受压柱的承载力按下列公式计算：

$$N = \alpha_1 f_{cc} bx + f'_y A'_s + \mu f'_{ye} A'_{se} - f_y A_s - \mu f_{ye} A_{se} \tag{5-51}$$

$$M=Ne=\alpha_1 f_{cc}bx\left(h_0-\frac{x}{2}\right)+f'_y A'_s(h_0-a'_s)+\mu f'_{ye}A'_{se}h_0 e=\eta e_i+\frac{h}{2}-a_s \tag{5-52}$$

$$e_i=e_0+e_a \tag{5-53}$$

$$\eta=1+\frac{1}{1400e_i/h_0}\left(\frac{e_0}{h}\right)^2\zeta_1\zeta_2 \tag{5-54}$$

$$\zeta_1=0.2+2.7\frac{e_i}{h_0} \tag{5-55}$$

$$\zeta_2=1.15-0.01\frac{e_0}{h} \tag{5-56}$$

当 $x>x_b$ 或 $\xi>\xi_b$ 时，应以 σ_s 和 σ_{sm} 分别替换上式中的 f_y 和 f_{ye}，且 σ_s 与 σ_{sm} 分别按下列公式计算：

$$\sigma_s=\frac{\xi-0.8}{\xi_b-0.8}f_y \tag{5-57}$$

$$\sigma_{sm}=\frac{\xi-\beta_1}{\xi_b-\beta_1}f_{ye} \tag{5-58}$$

将加固偏压柱的承载力计算公式与《混凝土结构设计规范》（GB 50010—2002)中的式(7.3.4)比较，前者计入了纵向钢筋网对轴向拉压应力的分担作用，也计入了横向钢筋网的侧向约束受压混凝土的作用(这通过 f_{cc} 体现出来)。

高性能水泥复合砂浆钢筋网薄层(HPFL)加固RC结构的方法加固效果显著、施工质量容易保证、造价低廉、防火和耐高温、耐久和耐老化、与原构件混凝土良好的相容性和工作协调性、不明显加大构件截面与重量。《高性能水泥复合砂浆钢筋网加固混凝土结构技术规程》的编制和实施为推广和应用该项技术提供了依据和帮助。

规程在大量的试验研究和理论分析基础上建立了紧扣现行《混凝土结构设计规范》的承受静载作用的轴心受压加固柱和一、二次受力加固的偏心受压加固柱的正截面承载力计算公式。

四、结论

本节通过对湖南大学课题组加固研究的分析，对约束梁、一点集中加载简支梁和两点集中加载简支梁试验数据进行了研究。结论表明各加固试件破坏时裂缝条数明显增多，裂缝宽度、裂缝间距明显变小，说明采用复合砂浆钢筋网进行加固效果良好，对裂缝的发展起到了很好的阻滞作用。加固后试件的承载能力比未加固时有较明显的提高，同条件下一次受力比二次受力极限承载能力提高幅度要大。抗剪加固中，总体来看，加固明显提高了试件的刚度，从加载全过程可以看出，同一挠度水平下，加固梁的荷载值相对于对比梁都有一定程度的提高，这说明加固措施提高了加固梁截面的截面刚度。

在此基础上介绍了《高性能水泥复合砂浆钢筋网加固混凝土结构技术规程》这一标准关于复合砂浆钢筋网加固混凝土结构抗剪承载力的计算公式，并结合工程计算实例加以说明，便于以后业内人士参考于实际工程的计算。

第七节 工 程 实 例

一、实例一

我们对某中学教学楼加固改造项目进行了加固设计，某梁截面尺寸 $b \times h = 250\text{mm} \times 500\text{mm}$，混凝土的强度等级为 C30，原来配置有双支箍筋 $\phi8@150$，该梁承受集中荷载，剪跨比 $\lambda = 2.5$，最大剪力为 $V = 140\text{kN}$，由于改变用途，需增加荷载，经计算此时最大剪力为 $V = 220\text{kN}$，加固前采取措施对梁进行卸载，最大剪力 $V = 100\text{kN}$。对该梁进行加固处理，加固采用 $\phi8$ 的钢筋，单侧砂浆层厚度为 30mm，砂浆强度等级为 M40，加固钢筋网间距取 100mm，试验算该梁加固后能否满足要求。加固前后该梁的受弯承载力都能满足设计要求。

解 ① 原梁的参数计算

原梁的极限受剪承载力：

$$V_u = \frac{1.75}{\lambda + 1} f_t bh_0 + f_{yv} \frac{A_{sv}}{s} h_0 = \frac{1.75}{2.5 + 1} \times 1.43 \times 250 \times 465 + 210 \times \frac{101}{150} \times 465$$

$$= 83118.75 + 65751 = 148870\text{N} > V = 140\text{kN}$$

原梁的截面尺寸：

$h_w/b = 465/250 = 1.86 < 4$，属于一般梁。

$$0.25\beta_c f_c bh_0 = 0.25 \times 14.3 \times 250 \times 465 = 415594\text{N} > 148870\text{N}$$

原梁截面尺寸符合要求。

② 加固后梁的参数计算

加固后梁的截面尺寸

$h_w/b_1 = 500/300 = 1.667 < 4$，属于一般梁。

$$0.25\beta_c f_c bh_0 = 0.25 \times 14.3 \times 310 \times 500 = 554125\text{N} > 220\text{kN}$$

加固后梁截面尺寸符合要求。

$s/d = 100/8 = 12.5 > 10$，加固钢筋网的间距与直径符合规定。

$$\gamma = 1 - 0.3 \frac{V_{0k}}{V_u} = 1 - 0.3 \times \frac{100000}{148870} = 0.798$$

$$V_{cm} = \beta_2 \gamma \frac{0.4}{\lambda + 1.5} f_{cm} th + \alpha_2 \gamma \xi f'_{yv} \frac{A'_{sv}}{s_v} h_{0m}$$

$$= 0.5 \times 0.798 \times \frac{0.4}{2.5 + 1.5} \times 19.1 \times 30 \times 500 + 0.9 \times 0.798 \times 210 \times \frac{101}{100} \times 500$$

$$= 11431.35 + 76165.11 = 87596\text{N}$$

$V = V_u + V_{cm} = 148870 + 87596 = 236466\text{N} > 220\text{kN}$

满足设计要求。

二、实例二

某加固工程中一简支矩形截面梁的截面尺寸 $b \times h = 250\text{mm} \times 600\text{mm}$，混凝土强度

C30，梁底配置 4Φ25HRB335 级钢筋，混凝土保护层厚度 $c=25\text{mm}$，梁的计算跨度 $l_0=7.0\text{m}$，承受均布荷载，加固前荷载作用下的跨中弯矩 $M_{0k}=200\text{kN}\cdot\text{m}$，加固后梁需承受的跨中极限弯矩设计值 $M=400\text{kN}\cdot\text{m}$。

① 试采用高性能水泥复合砂浆 U 型加固法进行加固；

② 若加固后按荷载标准组合计算的跨中弯矩 $M_k=300\text{kN}\cdot\text{m}$，验算加固后跨中挠度及裂缝宽度。

解　① 加固设计：

计算加固前梁的极限弯矩得：$x=f_y A_s/\alpha_1 f_c b=197.77\text{mm}$；$M_u=\alpha_1 f_c bxh(h-0.5x)=328.85\text{kN}\cdot\text{m}$，$\dfrac{M_{0k}}{M_u}=\dfrac{200\text{kN}\cdot\text{m}}{328.85\text{kN}\cdot\text{m}}=0.608<0.70$，可不卸载下进行加固，取 $\lambda'=0.346$；加固设计时采用 M40 复合砂浆，加固层厚度 $t=t_1=25\text{mm}$，钢筋采用 $\phi6$。侧面钢筋对承载力的影响较小，先计算梁底所需加固钢筋的面积。

$$f_c=14.3\text{N/mm}^2,\quad f_{mc}=19.1\text{N/mm}^2,\quad f_y=300\text{N/mm}^2;$$
$$f_{my}=360\text{N/mm}^2,\quad f_{my1}=360\text{N/mm}^2,\quad A_s=1964\text{mm}^2,\quad b=300\text{mm},$$
$$h_0=600-(25+22/2)=564\text{mm},\quad h_{0m}=h+0.5d=603\text{mm}$$

由公式

$$\alpha_1(f_c b+2f_{mc}t_1)x=f_y A_s+f_{my}A_{sm};\quad M=f_y A_s(h_0-0.5x)+f_{my}A_{sm}(h_{0m}-0.5x)$$

可得：$x=184.87\text{mm}$，$A_{sm}=362.26\text{mm}^2$ 梁底需加固的钢筋数量为 339.0/28.3 为 13 根。故可设计加固方案为：纵向加固钢筋及间距梁底为 13ϕ6@20，两侧梁高 300mm 内为 6ϕ6@50，梁两侧上部 300mm 内为 3ϕ6@100，U 型箍筋间距为 ϕ6@100。此时 $A_{sm}=367.9\text{mm}^2$，$A_{sm1}=509.4\text{mm}^2$

计算加固后梁的承载力：

$$\alpha_1(f_c b+2f_{mc}t_1)x=f_y A_s+f_{my}A_{sm}+0.4(h-x)f_{my1}A_{sm1}/h$$
$$M=f_y A_s(h_0-0.5x)+f_{my}A_{sm}(h_{0m}-0.5x)+0.4(h-x)(2.2h-0.7x)f_{my1}A_{sm1}/3h$$

得：$x=195.78\text{mm}$，$M=414.9\text{kN}\cdot\text{m}>400\text{kN}\cdot\text{m}$，加固方案可行。

② 挠度计算：

$$f_{tk}=2.01\text{N/mm}^2,\quad E_s=200\times10^3\text{N/mm}^2,\quad E_c=30\times10^3\text{N/mm}^2,$$
$$\alpha_E=6.67,\quad A_s=1964\text{mm}^2$$

第一部分：加固前产生的挠度

$$\rho_{te}=\frac{A_s}{A_{te}}=\frac{A_s}{0.5bh}=\frac{1964}{0.5\times250\times600}=0.026;$$

$$\sigma_{sk}=\frac{M_{0k}}{0.87h_0 A_s}=\frac{200\times10^6}{0.87\times564\times1964}=207.5(\text{N/mm}^2)$$

$$\psi=1.1-\frac{0.65f_{tk}}{\rho_{te}\sigma_{sk}}=1.1-\frac{0.65\times2.01}{0.026\times207.5}=0.8578;\quad \rho=\frac{A_s}{bh_0}=\frac{1964}{250\times564}=0.0139$$

$$B_s=\frac{E_s A_s h_0^2}{1.15\psi+0.2+\dfrac{6\alpha_E\rho}{1+3.5\gamma_f'}}=\frac{200\times10^3\times1964\times564^2}{1.15\times0.8578+0.2+6\times6.67\times0.0139}$$

$$=7.1696\times10^{13}(\text{N}\cdot\text{mm}^2)$$

$$\alpha_{f1}=\frac{5}{48}\frac{M_{0k}l_0^2}{B_s}=\frac{5}{48}\frac{200\times10^6\times7000^2}{7.1696\times10^{13}}=14.24(\text{mm})$$

第二部分：加固后产生的挠度

$$A_{so}=A_s+\frac{E_{sm}}{E_s}\left(\frac{h+0.5d}{h_0}A_{sm}+0.68A_{sm1}\right)=1964+\frac{2.0\times10^5}{2.0\times10^5}$$

$$\left(\frac{600+0.5\times6}{564}\times367.9+0.68\times509.4\right)=2703\text{mm}^2$$

$$\rho=\frac{A_{so}}{b_1h_0}=\frac{2703}{(250+50)\times564}=0.016;$$

$$\rho_{te}=\frac{A_{so}}{A_{te}}=\frac{A_{so}}{0.5(b+2t)(h+t)}=\frac{2703}{0.5(250+50)(600+25)}=0.0288;$$

$$\sigma_{sk}=\frac{M_k-M_{0k}}{0.87h_{om}A_{so}}=\frac{(300-200)\times10^6}{0.87\times603\times2703}=70.52\text{N/mm}^2;$$

$$\psi=1.1-\frac{0.65f_{tk}}{\rho_{te}\sigma_{sk}}=1.1-\frac{0.65\times2.01}{0.0288\times70.52}=0.4567;$$

由：$\dfrac{M_{0k}}{M_u}=\dfrac{200\text{kN}\cdot\text{m}}{328.85\text{kN}\cdot\text{m}}=0.608<0.70$，取 $\lambda'=0.346$，

$$B_s'=\frac{\lambda'E_sA_{so}h_0^2}{1.15\psi+0.2+\dfrac{6\alpha_E\rho}{1+3.5\gamma_f}}=\frac{0.346\times200\times10^3\times2703\times564^2}{1.15\times0.4567+0.2+6\times6.67\times0.016}$$

$$=4.357\times10^{13}\text{N}\cdot\text{mm}^2$$

$$\alpha_{f2}=\frac{5}{48}\frac{(M_k-M_{0k})l_0^2}{B_s'}=\frac{5}{48}\frac{(300-200)\times10^6\times7000^2}{4.357\times10^{13}}=11.7\text{mm}$$

总挠度：$\alpha_f=\alpha_{f1}+\alpha_{f2}=14.24+11.7=25.94\text{mm}$；即跨中总挠度为 25.94mm，满足要求。

③ 最大裂缝宽度计算：

$$d_{eq}=\frac{\sum n_id_i^2}{\sum n_iv_id_i}=\frac{4\times25^2+13\times6^2}{4\times25+13\times6}=16.67\text{mm};$$

$$\sigma_{sk}=\frac{M_k}{0.87h_{om}A_{so}}=\frac{300\times10^6}{0.87\times603\times2703}=211.5\text{N/mm}^2$$

$$w_{max}=\alpha_{cr}\psi\frac{\sigma_{sk}}{E_s}\left(1.9c+0.05\frac{d_{eq}}{\rho_{te}}\right)=2.1\times0.4567\times\frac{211.5}{200\times10^3}\left(1.9\times25+0.05\frac{16.67}{0.0288}\right)$$

$$=0.08\text{mm}$$

最大裂缝宽度为 0.08mm，满足要求。

三、实例三

某办公楼为 8 层双跨钢筋混凝土框剪结构，现需将该楼增加 2 层。经复核发现底层个别中柱需进行加固。试对其中柱进行加固计算。

原柱资料：中柱的截面尺寸为 400mm×500mm，通过无损检测发现原柱混凝土轴心抗压强度 $f_c=11.9\text{N/mm}^2$，配有 8Φ18HRB335 纵向钢筋，该层层高 $H=4.8\text{m}$，中柱弯矩很小，近似为轴心受压构件，加固前已承担不可卸除的轴向力 $N_{0k}=1309.2\text{kN}$；

加固要求：加固后轴向承载力设计值要求达到 3500kN。

加固材料：纵横向钢筋网采用 HRB335 钢筋，其强度设计值为 $f'_{yv}=f_{yh}=300\text{N/mm}^2$；纵向钢筋网按 $\phi6@50$ 配置，高性能水泥复合砂浆强度等级为 M50，轴心抗压强度设计值 $f_{cm}=23.1\text{N/mm}^2$；采用 P 类水泥基界面剂。

解

① 计算加固层材料强度利用系数 μ

原柱 $l_0/b=12$，查表得 $\varphi=0.95$

$$N_{1k}=0.9\varphi(f_cA+f'_yA'_s)=2557.1\text{kN}$$

$\beta=N_{0k}/N_{1k}=0.512$，（此处 N_{0k} 和 N_{1k} 近似按标准值计算）$\mu=\dfrac{10}{7}(0.9-\beta)=0.554$

② 计算 N_1：

$$A_c=bh-(4-\pi)r^2-A'_s=189364\text{mm}^2 \quad N_1=f_cA_c+f'_yA'_s=2864.2\text{kN}$$

③ 按 $\phi6@50$ 配置的纵向网筋，可知 $A'_{sv}=1020$，从而可计算 N_2 得：

$$N_2=k\mu\{f'_{yv}A'_{sv}+f_{cm}[2t_m(b+h)-A'_{sv}]\}$$
$$=219.8\text{kN}$$

④ $\dfrac{l_0}{b+2t_m}=\dfrac{4800}{400+2\times25}=10.7<14$；

故应考虑横向网筋的约束作用。

$$N_3=\frac{10}{9}N-N_1-N_2=804.9\text{kN}$$

⑤ $\sigma_r=N_3/4\mu A=1.82\text{N/mm}^2$；

$$K_e=\frac{A_e}{A_c}=\frac{146030.7}{189364}=0.77；$$

$$\rho_w=2(b+h)\sigma_r/K_e\psi f_{yh}b=0.0177>0.0016，$$

故应考虑横向网筋的约束作用。

$$\frac{A_{sl}}{S_h}=\frac{\rho_wbh}{2(b+h)}=\frac{0.0177\times400\times500}{2\times(400+500)}=1.96$$

选用 $\phi8$ 钢筋，$A_{sl}=50.3\text{mm}^2$，计算得 $S_h=25.7\text{mm}$，实际取 $S_h=25\text{mm}$。

⑥ 验算：

$$N=0.9\varphi(f_cA+f'_yA'_s)=2557.1\text{kN}$$

$3500\text{kN}<1.5\times2557.1\text{kN}=3835.7\text{kN}$ 满足要求。

第六章　结　　语

人类正在污染和销毁自己赖以生存的地球空间，即便是在结构工程领域也是如此。
看起来结构工程像是没有生命的无机物，其实它也像其他很多东西一样是有生命的物体，而且是庞然大物，它也在不断的发展变化。例如：

（1）随着时间的推移，空中的酸雨对高层建筑和大跨度桥梁产生侵蚀；

（2）随着季节的交替，冻融循环对大多数结构构件产生侵蚀和风化；

（3）随着交通量的日益扩大，疲劳荷载对大跨度桥梁的寿命产生重要影响；

结构工程所消耗的材料也是地球上的重要资源或能源。如：

（1）水泥要烧制，消耗大量高质量的煤。地球上的煤越来越少，高质量的煤藏于温度越来越高，压力越来越大，深度越来越深的地下，挖掘煤所需要付出的代价也就越来越大；

（2）水泥要用石灰石烧制。地球上的石灰石越来越少；

（3）钢材需要铁砂，可是地球上的铁矿资源也是越来越少；

（4）混凝土需要砂、石，而地球上大陆的面积越来越少，洁净的可用于浇捣混凝土的砂、石也就越来越少，导致人们去挖海砂，而海砂中氯离子含量高，导致钢筋快速锈蚀；用煤矸石代替混凝土中的粗骨料，可是煤矸石强度低，制不出高强的混凝土；

（5）宝贵的淡水正在枯竭，趋向于人均定量分配。可是人们还不得不用宝贵的淡水去冲洗海砂，以求获得可用于浇捣混凝土的洁净海砂。

结构物的耐久性研究与结构工程的生命周期有很大的关系。可是我们对很多物体的耐久性以及耐候性还不甚了解。例如：钢筋在混凝土中的锈蚀机理和锈蚀速度我们就掌握得不是很透彻，它对结构物的寿命到底会产生什么样的影响？人类如何去控制它等等，都是值得深入研究的问题。

绿色结构工程不是孤立的，它与很多东西有关。例如：

（1）它与环境学、小区通风、采光有关系；

（2）它与环境工程、室内采暖通风有关；

（3）火灾对结构构件的影响（强度、变形）。

火灾后的工程结构。如果拆除，会对周边环境产生很大影响。拆除下来的往往都是不可降解的无机材料。几百年都不变的存在于当地环境中。

如何合理利用火灾后的结构成为了一个很迫切很实在的环保问题。

火灾后，结构材料的性能产生变异，混凝土、钢材的强度和弹性模量都产生不同程度的降低，其剩余承载力和寿命都下降。如何判定火灾后结构的剩余承载能力和变形能力已成为工程界一大课题，也是一大难题。此外，火灾后结构的加固和再利用也被越来越多的提到议事日程上。这些都需要科学的对待和研究。

　　所以说，我们结构工程师任重而道远，肩上的担子不仅是为现代人类的遮风挡雨添砖加瓦，还要考虑为将来人类子孙后代造福。

　　要考虑和研究的问题还很多，本书仅仅给广大结构工程师一个抛砖引玉的作用，希望有更多的结构工程师来考虑环境保护问题。

参 考 文 献

[1] 金伟良，宋志刚，赵羽习. 浙江大学学报(工学版). 工程结构全寿命可靠性与灾害作用下的安全性，2006，40(11).

[2] MELCHERS R E＋Safety and risk in structural engineering [J]. Progress in StructuraI Engineering and Ma-terials，2002，4(2)：193-202.

[3] 王增忠，罗能钧，施建刚. 混凝土结构建设项目全寿命经济分析初探. 建筑经济，2005(276)：33-37.

[4] 林玲，朱莹. 山西建筑. 初探高速公路项目全寿命周期造价管理，2006，32(14).

[5] 王欣英. 辽宁建材. 再生混凝土技术研究的现状与分析. 2007(5).

[6] 廖春林，王玲，邓建，陆海滨。废弃混凝土再生利用探讨 [J]. 国外建材科技，2007(4)：67-70.

[7] 赵军，邓志恒，林俊. 再生混凝土粗骨料性能的试验研究 [J]. 水泥与混凝土，2007(4)：17-20.

[8] 李旭平. 再生混凝土基本力学性能研究（Ⅰ）——单轴受压性能 [J]. 建筑材料学报，2007(5)：598-603.

[9] 白文辉，金龙. 基于自由水灰比的再生混凝土配合比设计研究 [J]. 绍兴文理学院学报，2007(9)：52-55.

[10] 史魏，侯景鹏. 再生骨料混凝土技术及配合比设计方法 [J]. 建筑技术开发，2008(8)：18-20.

[11] 丁浩然，王清远. 再生混凝土的耐久性及其改进措施 [J]. 四川建筑，2007，27：194-197.

[12] 唐捷. 再生混凝土的抗压强度初步研究 [J]. 四川建筑科学研究，2007(4)：183-186.

[13] 张雷顺，张晓磊，闫国新. 再生混凝土无腹筋梁抗剪性能试验研究 [J]. 工业建筑；2007(9)：57-61.

[14] 叶青，陈翔. 建筑的信息表达. 建筑学报，2002(10)：59-61.

[15] 鲁雪冬，叶跃忠，严章荣，再生骨料高强混凝土抗压强度研究 [J]. 路基工程，2007(4)：105-107.

[16] 郝彤，刘立新，巩耀娜. 再生骨料混凝土多孔砖砌体受压变形性能试验研究 [J]，砖瓦，2007(8)：5-8.

[17] 洪乃丰. 海砂腐蚀与"海砂屋"危害 [J]. 工业建筑，2006(11)：65-67.

[18] 王炜. 海砂中主要有害物质对混凝土的影响及处理办法 [J]. 施工技术，2005(4)：81.

[19] 干伟忠，Alois Boe. 海砂对钢筋混凝土结构耐久性影响的试验研究 [J]. 工业建筑，2002(2)：8-11.

[20] ComitéEuro-International du Béton. CEB/FIP-Mustervorschrift für Trag-werke aus Stahlbeton und Spannbeton，First draft Paris，1990.

[21] EN206-1(01/2000)Beton. Leistungsbeschreibung. Eigenschaften. Her-stellung und Konformität]

[22] 吴桂芹. 海砂用于抹面砂浆对建筑工程耐久性的影响 [J]. 山东建材，2006(1)：50-51.

[23] 周庆，许艳红，颜东洲. 建筑中合理利用海砂资源的新技术 [J]. 全面腐蚀控制. 2006(3)：8-10.

[24] 史美鹏，卢福海. 淡化海砂在高性能混凝土中的应用研究 [J]. 混凝土，2004(4)：63-66.

[25] 肖建庄，卢福海，孙振平. 淡化海砂高性能混凝土氯离子渗透性研究 [J]. 工业建筑，2004(5)：4-6.

［26］ 尚守平，熊伟. 无机组合材料高性能水泥复合砂浆钢筋网薄层(HPFL)加固混凝土结构新技术简介. 施工技术，2008(299)：4-6.

［27］ 尚卿. 高性能复合砂浆钢筋网薄层加固混凝土结构端部及节点处理. 施工技术，2008(299)：15-17.

［28］ 周方圆，尚守平. 高性能水泥复合砂浆钢筋网薄层(HPFL)加固混凝土受弯构件正截面承载力计算. 施工技术，2008(299)：7-10.

［29］ 刘泃，尚守平. 高性能水泥复合砂浆钢筋网薄层(HPFL)加固混凝土结构斜截面承载力计算. 施工技术，2008(299)：11-14.

参 考 文 献

[1] 陈政清. 桥梁风工程. 北京: 人民交通出版社, 2005.

[2] 项海帆等. 现代桥梁抗风理论与实践. 北京: 人民交通出版社, 2005.

[3] 李国豪. 桥梁结构稳定与振动. 北京: 中国铁道出版社, 2003.

[4] 陈政清. 桥梁颤振与抖振的非线性分析方法. 北京: 人民交通出版社, 2010.